Sirika Bekele Terfassa

Mineração de ouro

Sirika Bekele Terfassa

Mineração de ouro

Impacto na conservação do solo e no rendimento familiar

ScienciaScripts

Imprint
Any brand names and product names mentioned in this book are subject to trademark, brand or patent protection and are trademarks or registered trademarks of their respective holders. The use of brand names, product names, common names, trade names, product descriptions etc. even without a particular marking in this work is in no way to be construed to mean that such names may be regarded as unrestricted in respect of trademark and brand protection legislation and could thus be used by anyone.

Cover image: www.ingimage.com

This book is a translation from the original published under ISBN 978-613-3-99097-5.

Publisher:
Sciencia Scripts
is a trademark of
Dodo Books Indian Ocean Ltd. and OmniScriptum S.R.L publishing group

120 High Road, East Finchley, London, N2 9ED, United Kingdom
Str. Armeneasca 28/1, office 1, Chisinau MD-2012, Republic of Moldova, Europe
Printed at: see last page
ISBN: 978-620-8-07208-7

Índice

CONSERVAÇÃO DOS SOLOS E EXTRACÇÃO TRADICIONAL DE OURO 2

RENDIMENTO FAMILIAR E EXTRACÇÃO DE OURO 15

DESAFIO DOS AGRICULTORES PARA AUMENTAR A PRODUTIVIDADE DA CULTURA DO MILHO 24

SENSIBILIZAÇÃO DOS AGRICULTORES PARA A ADOPÇÃO DE SEMENTES SELECCIONADAS 37

PLANEAMENTO DOS FACTORES DE PRODUÇÃO E DA PRODUTIVIDADE AGRÍCOLA 50

CONSERVAÇÃO DOS SOLOS E EXTRACÇÃO TRADICIONAL DE OURO

Por:Sirika Bekele Terfassa

INTRODUÇÃO

Antecedentes do estudo

A extração de ouro consiste numa série de processos e técnicas utilizados para extrair o ouro bruto da terra. Estas técnicas de extração de ouro incluem a garimpagem de ouro, a deteção de metais, a esclusa, a dragagem, etc. Este metal é um elemento caro; assim, os indivíduos e as nações sempre se interessaram pela extração de ouro, principalmente para obter benefícios económicos. O ouro foi descoberto no Alabama por volta de 1830, pouco depois da corrida ao ouro na Geórgia. Os principais reservatórios situavam-se no distrito de Arbacoochee, no condado de Cleburne, e no distrito de Hog Mountain, no condado de Tallapoosa. A extração de ouro começou no Alasca por volta da década de 1970. As principais fontes deste metal no Alasca são a mina de Fort Knox e o rio Kenai. Um total de 40,3 milhões de onças troy deste metal foi extraído de reservatórios no Alasca desde 1880 até ao final de 2007 (Ledec, 1990).

Na Califórnia, este metal foi descoberto no distrito de Potholes, entre 1775 e 1780, ao longo do rio Colorado, no atual condado de Imperial, por prospectores espanhóis. Muitos outros depósitos de ouro foram também encontrados na Califórnia. A grande atividade de escavação de ouro começou em 1848, durante a Corrida do Ouro da Califórnia. A produção de ouro na Califórnia atingiu o seu pico em 1852, com 3,9 milhões de onças troy (121 toneladas), produzidas nesse ano. O maior distrito mineiro de ouro da Califórnia é o Mother Lode da Sierra Nevada, que foi descoberto algures no início da década de 1850. No estado do Colorado, este metal foi descoberto em 1858 durante a corrida ao ouro de Pikes Peak, nas imediações da atual Denver, em 1858, mas estes depósitos eram bastante pequenos; no entanto, em janeiro de 1859, foram descobertas algumas grandes reservas de ouro no distrito de Central City-Idaho Springs, no Colorado. Existem também algumas outras minas de ouro activas, como a mina Golden Wonder, as minas Cash e Rex, que contribuem para a produção de ouro do estado (Kelly, 1998).

No início do século XIX, o Nevada era muito conhecido pelos seus reservatórios de prata, mas a descoberta de depósitos de barras de ouro, por volta de 1870, atraiu escavadores de barras de ouro de outras partes do país. O Nevada possui uma das maiores reservas de ouro do mundo e é atualmente o principal Estado produtor de barras de ouro. O Nevada produz atualmente 82% de todas as minas de ouro dos Estados Unidos. Atualmente, existem mais de 20 minas de ouro activas no Nevada.

Declaração do problema

A exploração mineira é geralmente muito destrutiva para o ambiente. É uma das principais causas da desflorestação. Para a extração mineira, as árvores e a vegetação são cortadas e queimadas. Com o solo completamente nu, as operações mineiras em grande escala utilizam enormes bulldozers e escavadoras para extrair os metais e minerais do solo. Para amalgamar (agrupar) as extracções, são utilizados produtos químicos como o cianeto, o mercúrio ou o metilmercúrio. Estes produtos químicos passam através de tubos de rejeitos e são frequentemente descarregados em rios, ribeiros, baías e oceanos. Esta poluição contamina todos os organismos vivos dentro da massa de água e, em última análise, as pessoas que dependem do peixe para a sua principal fonte de proteínas e para a sua subsistência económica (Ashton, 2001).

A extração mineira em pequena escala é igualmente devastadora para o ambiente, se não mais. As pessoas que são expostas aos resíduos tóxicos dos rejeitos ficam doentes. Desenvolvem erupções cutâneas, dores de cabeça, vómitos, diarreia, etc. De facto, os sintomas de envenenamento por mercúrio são muito semelhantes aos sintomas da malária. Muitas pessoas que não têm dinheiro para ir ao médico, ou que vivem numa aldeia onde não há acesso a um médico, muitas vezes não são tratadas das suas doenças.

Se a água estiver contaminada, as pessoas não a podem utilizar para tomar banho, cozinhar ou lavar a roupa. Se o homem do agregado familiar for um mineiro de pequena escala, muitas vezes deixa a mulher e os filhos à procura de trabalho. Isto significa que a mulher e os filhos têm que trabalhar e sustentar-se a si próprios. Têm também que se proteger dos ladrões. Roubo, drogas/álcool, prostituição, estupro e abuso sexual são, infelizmente, alguns dos efeitos da mineração. A degradação cultural também ocorre nas aldeias mineiras. Isto trará as seguintes questões de investigação:

1.   Qual é o estado da conservação do solo em termos de sensibilização e de medidas legais?

2.   Qual é o nível de extração tradicional de ouro na comunidade de Ale kebele em termos de conhecimentos e de rendimento familiar?

3.   Existe uma relação entre a conservação dos solos e a extração tradicional de ouro em Ale kebele?

Objetivo do estudo

O objetivo geral do estudo é analisar a relação entre a conservação do solo e o garimpo tradicional de ouro em Ale kebele. Os objectivos específicos são os seguintes

1.   Identificar o estado da conservação do solo em termos de sensibilização e de medidas legais.

2.   Avaliar o nível de extração tradicional de ouro na comunidade de Ale kebele em termos de conhecimentos e de rendimento familiar.

3.   Analisar a relação entre a conservação do solo e a extração tradicional de ouro em Ale kebele.

Hipótese do estudo

Não existe qualquer relação entre a conservação dos solos e a extração tradicional de ouro em Ale kebele.

Importância do estudo

O investigador conduziu o seu estudo sobre este tópico de modo a obter alguns factos sobre a situação do garimpo tradicional de ouro na área de estudo e dar recomendações valiosas. A recomendação dada pelo investigador ajudará o administrador do woreda e do kebele a obter informações sobre a relação existente entre a conservação do solo e o garimpo tradicional. Para além disso, outros investigadores utilizarão o resultado deste estudo como referência para realizar os seus estudos sobre temas relacionados.

Limitações do estudo

Atualmente, o garimpo tradicional de ouro não é legalmente aceite se for realizado individualmente ou em grupo. Por conseguinte, os mineiros individuais não participarão de bom grado na resposta aos questionários preparados, receando serem acusados pela sua palavra. Por outro lado, mesmo os indivíduos organizados podem não estar suficientemente confiantes para dar informações valiosas ao investigador, pois pensam que o governo vai acrescentar mais impostos ao avaliar os seus rendimentos. O investigador ultrapassará todos estes desafios explorando a importância deste estudo, que é necessário apenas para fins académicos.

Delimitação do estudo

Este estudo limita-se a analisar a relação entre a conservação do solo e a extração tradicional de ouro em Ale kebele. O investigador selecionou este tema para verificar a influência do garimpo tradicional na conservação dos solos. A área é selecionada pelo investigador porque Ale kebel é uma das áreas que se degradaram devido à extração de ouro em geral e à extração tradicional de ouro em particular.

REVISÃO DA LITERATURA RELACIONADA

Conservação do solo

Ambiente ecológico e provoca a erosão do solo e perigos ocultos. Devido à exploração dinâmica deste minério, algumas situações, tais como as quantidades de exploração mineral e a situação do campo de escombros da pilha, etc., mudam constantemente, as medidas de conservação da água e do solo concebidas e já tomadas originalmente são difíceis de adaptar gradualmente às mudanças da situação, provocando assim graves perdas de água e erosão do solo inevitavelmente, e até mesmo causando o fluxo de lama e rocha. Por conseguinte, os governos a todos os níveis e os dirigentes dos serviços competentes prestam grande atenção à questão da segurança e dos riscos potenciais da erosão do solo, combinam e complementam adequadamente as medidas de conservação da água e do solo nesta zona mineira, o que não só é muito essencial, como também muito urgente (Christmann, 2002).

Consciencialização

A rocha que forma o solo da zona mineira é a rocha ácida, que assenta principalmente no granito. O corpo rochoso está fortemente desgastado e coberto por uma crosta de meteorização de cor creme-avermelhada ao longo de metros. A ação do clima, dos seres vivos, da água e de outros factores durante muito tempo deu origem a terra vermelha, terra amarela, terra roxa, terra de prado, etc. A vegetação desta zona mineira é constituída principalmente por floresta de folha larga perene, floresta mista de agulhas e folha larga, floresta artificial e arbustos, etc. Desde que o minério foi construído, combinámos erva, arbusto, caramanchão e cipó para promover a recuperação da vegetação dos terrenos abertos na zona mineira através de plantas artificiais, jorros e sementeiras mecânicas e alguns outros métodos. O clima nesta área mineira pertence ao clima de monção marítima da zona subtropical, quente e húmido, verão longo e inverno curto, a precipitação é abundante, a temperatura média anual é de 18,7 °C, a mais elevada é de 34,7 °C e a mais baixa é de -5,2 °C. A precipitação média anual é de 1600-2100 mm; a precipitação concentra-se geralmente de abril a setembro, representando 75% do ano inteiro. O tufão e a tempestade ocorrem frequentemente no verão e no outono; é fácil provocar inundações que descem a montanha, e até mesmo fluxos de lama e rocha e deslizamentos de terras (Kelly, 1998).

Medida legal

As operações de extração mineira em pequena escala são geralmente informais e por vezes ilegais, mantendo um elevado grau de independência em relação aos regulamentos implementados pelo governo nacional. As condições de trabalho são normalmente perigosas e insalubres e as condições de vida são deploráveis. As comunidades que rodeiam as minas colhem benefícios económicos e sofrem de degradação ambiental, doenças e problemas sociais. Embora o dinheiro desapareça rapidamente depois de uma área estar a ser esgotada, os impactos negativos persistem bem depois de as actividades mineiras terem cessado (Lagos, 1999)

O grau em que a exploração mineira contribui para o desenvolvimento económico e a utilização sensata dos recursos naturais depende, em grande parte, da qualidade da regulamentação nacional. Os países que não dispõem de uma regulamentação sólida e da capacidade de fazer cumprir a lei carecem de uma salvaguarda importante para garantir que o desenvolvimento da extração mineira, do petróleo e do gás não resulte na destruição de recursos naturais importantes e críticos para garantir a subsistência dos seus cidadãos. Os principais componentes de um quadro regulamentar são discutidos a seguir. Um quadro regulamentar forte permite que os países estabeleçam padrões que as empresas devem seguir. Alguns peritos defendem que é preferível um quadro regulamentar mais flexível do que a abordagem mais tradicional de comando e controlo. Outros reconhecem que é necessário um conjunto mínimo de regras pelas quais as empresas devem atuar. As principais componentes de um quadro regulamentar para o desenvolvimento mineral incluem avaliações do impacto ambiental, qualidade ambiental e leis sociais, responsabilidade ambiental e capacidade de monitorização (Ballard, 2001).

Extração tradicional de ouro

Conhecimento

Ninguém considerou a desflorestação como um problema. O garimpo de ouro em pequena escala não interfere com a agricultura ou a caça; a terra é abundante e os locais de garimpo estão frequentemente localizados a alguma distância das aldeias. A vegetação cobrirá os locais de mineração alguns anos após o abandono, embora os mineiros tenham notado que a vegetação nos locais regenerados difere substancialmente da vegetação das florestas antigas. Para além dos problemas de gestão de resíduos, as minas também colocam desafios ambientais e sociais devido a potenciais perturbações nos ecossistemas e nas comunidades locais. A exploração mineira exige o acesso à terra e aos recursos naturais, como a água, que podem competir com outras utilizações da terra (Mason, 1997).

Embora a dimensão da maioria das operações mineiras seja pequena em comparação com outros usos do solo (por exemplo, agricultura industrial e silvicultura), as empresas mineiras estão limitadas pela localização de reservas economicamente viáveis, algumas das quais podem sobrepor-se a ecossistemas sensíveis ou a terras de comunidades indígenas tradicionais. Muitas vezes, os impactos em maior escala da exploração mineira decorrem de efeitos indiretos, como a construção de estradas e a subsequente colonização. Na bacia amazónica, por cada quilómetro de oleoduto construído, foi colonizada uma área de aproximadamente 400-2 400 hectares. Nas Filipinas, os ecossistemas de terras altas estão sob pressão devido à migração de pequenos agricultores. A exploração mineira pode ameaçar estes ecossistemas sensíveis ao estimular a migração adicional. As recentes preocupações com os potenciais conflitos entre a exploração mineira e outras utilizações do solo levaram algumas comunidades a aprovar referendos não vinculativos que proíbem o desenvolvimento mineiro (Christmann, 2002).

Rendimento do agregado familiar

Na área de estudo, a extração de ouro em pequena escala proporciona um rendimento crucial às famílias pobres no interior florestal do país. A mineração de ouro também produz riscos económicos, físicos, de saúde e ambientais para os mineiros, as suas famílias e as comunidades florestais. Devido à natureza exigente e não regulamentada do seu trabalho, muitos mineiros sofrem de tensões musculares e lesões. As técnicas e os produtos químicos utilizados nas operações modernas de mineração em pequena escala causam contaminação por mercúrio, poluição da água e o desenvolvimento de malária resistente a medicamentos. A congregação de homens, principalmente jovens, fora de casa atrai o trabalho sexual e práticas sexuais inseguras relacionadas. Doenças sexualmente transmissíveis, incluindo. Apesar de a extração de ouro trazer muitos problemas, nenhum dos grupos queria que a extração de ouro acabasse: "Bem, a extração de ouro ajuda um pouco a comprar um saco de arroz. Não queremos que ele seja encerrado. Traz muitas dores de cabeça, traz doenças. Mas não queremos que feche". (Bmen) A opinião geral é que encerrar ou proibir o garimpo de ouro em pequena escala só vai criar mais pobreza (Auty, 1990).

Os países em desenvolvimento procuram frequentemente explorar os recursos minerais como forma de obter as tão necessárias receitas. Segundo alguns, a riqueza mineral faz parte do capital natural de uma nação e quanto mais capital uma nação possui, mais rica se torna. A Papua-Nova Guiné recebe quase dois terços das suas receitas de exportação de depósitos minerais. A extração de diamantes representa cerca de um terço do PIB do Botsuana e três quartos das suas receitas de exportação. Embora as exportações de minerais possam representar uma parte significativa das exportações de um país, o desenvolvimento mineral nem sempre impulsiona o crescimento económico de um país e pode, em alguns casos, contribuir para o aumento da pobreza. As razões para a falta de crescimento económico nos Estados dependentes do petróleo e dos minerais não são inteiramente conclusivas (Ross, 1999). No entanto, os baixos níveis de emprego no sector, a utilização de tecnologia maioritariamente importada, a elevada volatilidade dos minerais no mercado, a concorrência com os sectores agrícolas, a corrupção institucional e a má gestão podem ser factores que contribuem para esta situação. Além disso, a falta de uma contabilidade de custos completa pode levar a uma sobrestimação dos benefícios se os subsídios oferecidos ao sector mineiro não forem tidos em conta (Mapong, 1995).

Mesmo quando o desenvolvimento mineral resulta em crescimento económico nacional, os benefícios nem sempre são partilhados de forma equitativa e as comunidades locais mais próximas da fonte de desenvolvimento mineral podem ser as mais afectadas. Nalguns casos, a exploração mineira tem proporcionado emprego numa zona economicamente marginal (Redwood, 1998). No entanto, normalmente estes empregos são limitados em número e duração. Além disso, as comunidades que passam a depender da exploração mineira para sustentar as suas economias são especialmente vulneráveis a impactos sociais negativos, sobretudo quando a mina encerra. A exploração mineira tende a aumentar os níveis salariais, levando à deslocação de alguns residentes da comunidade e das empresas existentes, e a expectativas elevadas). A exploração mineira pode também provocar impactos sociais negativos indirectos, como o alcoolismo, a prostituição e as doenças sexualmente transmissíveis (Kuyek, 2003).

Na pior das hipóteses, as minas têm mesmo alimentado conflitos nalguns países em desenvolvimento, ao fornecerem receitas às facções beligerantes para a compra de armas. Os casos mais conhecidos e divulgados ocorreram em África, onde o controlo das minas de diamantes se tornou um objetivo para os rebeldes que procuravam rendimentos para financiar guerras civis. Os rebeldes da UNITA de Angola obtiveram aproximadamente 3,7 mil milhões de dólares em vendas de diamantes entre 1989 e 2000 para pagar a resistência contínua ao governo angolano - mais do que receberam dos governos anti-comunistas durante a guerra fria. Estima-se que 500.000 angolanos tenham morrido durante este período (Ashton, 2001).

Entretanto, o próprio governo angolano terá alegadamente utilizado os lucros da exploração petrolífera para adquirir armas. A guerra civil eclodiu em Bougainville, na Papua Nova Guiné, em grande parte devido a queixas comunitárias não resolvidas contra a mina de cobre de Panguna (Hyndman, 2001). As revoltas da sociedade civil têm sido frequentemente confrontadas com um aumento da militarização, bem como com repressões por vezes brutais por parte do governo, como nos conflitos separatistas em Aceh e na Papua Ocidental, na Indonésia. Nestes casos, a presença da exploração mineira exacerbou os conflitos e as violações dos direitos humanos foram amplamente registadas. Na Papua Ocidental, sabe-se que os militares têm uma relação financeira direta com a extração de recursos naturais, através de taxas de proteção que lhes são pagas pelas indústrias mineiras e madeireiras. Nalguns casos, sabe-se que os militares se envolvem em actos de violência e violações dos direitos humanos para extorquir pagamentos adicionais às empresas que operam na Papua Ocidental (Bryant, 1998).

Resumo da revisão da literatura relacionada

É um problema difícil controlar a erosão do solo e da água na exploração dinâmica da mina em grande escala, envolve uma vasta gama de conhecimentos e muda constantemente, como lidar bem com a relação sobre benefícios económicos, segurança e proteção ecológica e procurar um melhor ponto de coalescência é um grande assunto que vale a pena explorar por um longo tempo. A empresa da indústria mineira da Montanha Púrpura, nas condições existentes, a fim de prevenir e curar a erosão do solo e da água e até mesmo a calamidade do fluxo de lama e rocha, já colocou um grande número de pessoas, riqueza e recursos materiais e estabeleceu um lote de medidas de projeto de conservação da água e do solo, mas que ainda não pode excluir completamente a possibilidade de ocorrer a calamidade do fluxo de lama e rocha, propomos aprofundar o estudo experimental desta questão. A transformação da mina de grande dimensão em "zona turística ecológica da indústria", através da recuperação da vegetação e da reconstrução da ecologia, é também um tema importante que deve ser explorado durante muito tempo. Tendo em conta que a vegetação foi seriamente destruída e que a situação de abandono da terra, de solo estéril e de falta de humidade nesta zona mineira, propomos que se reforce o estudo experimental distrital sobre a recuperação da vegetação na zona mineira, selecionando as plantas arbóreas, arbustivas, gramíneas e lianas adequadas, a fim de melhorar a taxa de sucesso da recuperação da vegetação

METODOLOGIA

Enquadramento teórico

Ambiente ecológico e provoca a erosão do solo e perigos ocultos. Devido à exploração dinâmica deste minério, algumas situações, tais como as quantidades de exploração mineral e a situação do campo de escombros da pilha, etc., mudam constantemente, as medidas de conservação da água e do solo concebidas e já tomadas originalmente são difíceis de adaptar gradualmente às mudanças da situação, provocando assim graves perdas de água e erosão do solo inevitavelmente, e até mesmo causando o fluxo de lama e rocha. Por conseguinte, os governos a todos os níveis e os responsáveis pelos departamentos relevantes prestam grande atenção à questão da segurança e do perigo potenciais da erosão do solo, combinam e complementam adequadamente as medidas de conservação da água e do solo nesta zona mineira, o que não só é muito essencial, como também muito urgente (Christmann, 2002). Este facto é demonstrado graficamente da seguinte forma:

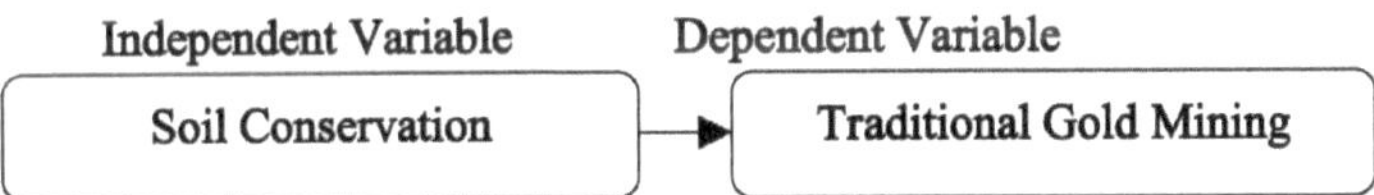

Figura A: Mostra o Quadro Teórico das Variáveis

Quadro concetual

A conservação do solo é representada pela variável independente do estudo, com base na qual é definida em termos de sensibilização e medidas legais, enquanto a variável dependente é representada pela extração tradicional de ouro e definida em termos de conhecimento e rendimento do agregado familiar. O gráfico é apresentado da seguinte forma:

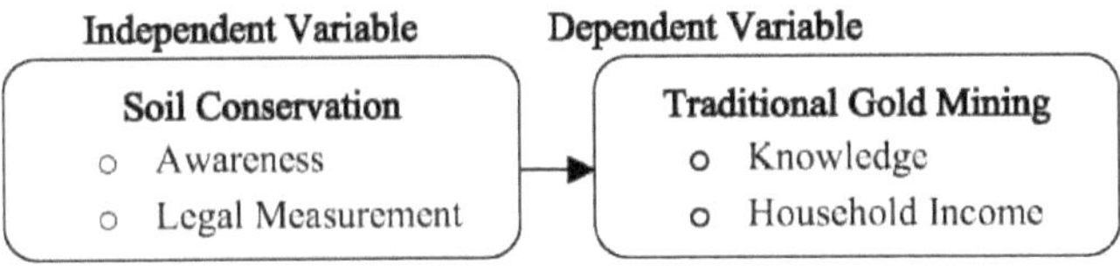

Figura B: Mostra o Quadro Conceptual das Variáveis

Operacionalização

Conservação dos solos

A conservação do solo é representada pela variável independente do estudo e é definida em termos de sensibilização e medição legal. Esta será operacionalizada da seguinte forma:

Consciencialização

Este objetivo é definido em termos do local onde a sensibilização da comunidade é feita, o que será medido da seguinte forma

Escala	Consciencialização	Descrição
1	No mercado	Sensibilização muito reduzida
2	Número 1 e reunião	Pouco conhecimento
3	1,2 e local religioso	Sensibilização moderada
4	1, 2, 3 e idir	Sensibilização elevada
5	Tudo o que foi dito acima mahiber	Sensibilização muito elevada

Tabela 1: Operacionalização da consciencialização

Medida legal

Define-se como as medidas tomadas pelo organismo governamental para minimizar o terreno exposto a diferentes problemas durante o processo de extração mineira. Esta medida será efectuada da seguinte forma:

Escala	Medida legal	Descrição
1	Vedação da zona	Medição muito baixa
2	Aviso	Medição baixa
3	Sanção financeira	Medição moderada
4	Prender o ouro que eles extraíram	Medição séria
5	Prisão	Medição muito séria

Tabela 2: Operacionalização da medição legal

Extração tradicional de ouro

O garimpo tradicional de ouro é representado pela variável dependente do estudo e é definido em termos de conhecimento e renda familiar. Isto será operacionalizado da seguinte forma:

Conhecimento

Isto é definido em termos da compreensão que os membros da comunidade têm sobre o garimpo tradicional e é medido da seguinte forma:

Escala	Conhecimento	SDA	DA	MA	A	SA
1	Eu sei que é ilegal					
2	Sei que expõe a terra a problemas					
3	Sei que é a única fonte nessa zona					
4	Sei que o sector mineiro tem riscos diferentes					
5	Sei que o governo está a seguir o uso					

Tabela 3: Operacionalização do conhecimento

Rendimento do agregado familiar

Define-se como a quantidade de dinheiro que os agregados familiares ganham com a extração de ouro por mês e mede-se da seguinte forma

Escala	Rendimento do agregado familiar	Descrição
1	Abaixo de 1500	Rendimento muito baixo
2	1500-2000	Rendimento baixo
3	2001-2500	Rendimento moderado
4	2501-3000	Rendimento elevado
5	3001 e superior	Rendimento muito elevado

Quadro 4: Operacionalização do rendimento do agregado familiar

Local do estudo

A localização de Alle kebele situa-se na zona de Guji do estado regional nacional de Oromia, em Odo shakiso woreda, a 487 km a sul de Adis Abeba e a 139 km da capital da zona de Guji, Negelle, a norte. A condição climática de Alle kebele é woynadega. A altitude situa-se entre 1400 e 2000 m acima do nível do mar, com uma precipitação média anual. A temperatura média anual da zona varia entre 1200 e 2500 ml e é de 20^0 C. A taxa de crescimento da população é de 3% por ano. O tamanho do terreno utilizado para a extração mineira é de cerca de 30 hectares. A quantidade de ouro extraído por ano é de 20 kg e a sua qualidade é de 14-18 quilates. O grupo étnico Oromo domina fortemente o kebele.

Conceção da investigação

A investigação seguirá um modelo estatístico correlacional. Envolverá a abordagem quantitativa e os dados quantitativos primários serão recolhidos e analisados, enquanto alguns dados qualitativos serão também recolhidos.

Recolha de dados

Instrumentação

Para este estudo, serão recolhidos dados primários e secundários. A fonte de dados primários incluirá os inquiridos, enquanto os dados secundários são as diferentes literaturas sobre o tema do estudo. Os dados primários serão recolhidos através da utilização de um questionário de inquérito fechado. Os dados qualitativos serão recolhidos através de entrevistas e da observação do investigador no terreno.

Método de amostragem

O investigador selecionará os inquiridos utilizando um método de amostragem aleatório simples para selecionar 52 inquiridos entre os residentes da cidade de Ale kebele.

Método de análise dos dados

1. Os objectivos um e dois serão analisados utilizando estatísticas descritivas, tais como percentagens, média e desvio-padrão.

2. O terceiro objetivo será analisado através de estatísticas correlacionais. A fim de conhecer a relação entre as variáveis.

LITERATURA CITADA

Ashton, Dirks (2001), "An Overview of the Impact of Mining and Mineral Processing Operations on Water Resources and Water Quality in the Zambezi, Limpopo, e Auty, R.M. (1990), Resource-Based Industrialization: Sowing the Oil in Eight Developing Countries. Oxford: Clarendon Press.

Ballard, C. (2001), "Human Rights and the Mining Industry in Indonesia: A Baseline Study," MMSD Working PaperNo. 182.

Bryant, D. et al. (1998), Reefs at Risk: A Map-Based Indicator of Threats to the World's Coral Reefs WRI: Washington.

Christmann, Stolojan (2002), "Management and Distribution of Mineral Revenue in PNG: Facts and

Findings from the Sysmin Preparatory Study A Consultant's Perspective," Relatório encomendado pelo projeto Mining, Minerals and Sustainable Development (MMSD) do IIED. Londres, Inglaterra:

Kelly, M. (1998), Mining and the Freshwater Environment. London: Elsevier Applied Science/

British Petroleum

Kuyek, J. e C. Coumans (2003), No Rock Unturned: Revitilizing the Economies of Mining Dependent Communities. MiningWatch Canada: Ottawa, Canadá. Disponível online em:

Lagos, G. e P. Velasco (1999), "Environmental Policies and Practices in Chilean Mining," In A. Warhurst (ed.) Mining and the Environment: Case Studies from the Americas, Ottawa, Canadá: International Development Research Center.

Ledec, G. (1990), "Minimizing Environmental Problems from Petroleum Exploration and Development in Tropical Forest Areas," Proceedings of the First International Symposium on Oil and Gas Exploration and Production Waste Management Practices, New Orleans, Louisiana, 10-13 de setembro de 1990.

Mapong, O. e A. Mutemererwa (1995), "Management of Natural Resources and the Environment in Mason, R.P. (1997), "Mining Waste Impacts on Stream Ecology," In C.D. Da Rosa (ed), Golden Dreams, Poisoned Streams, How Reckless Mining Pollutes America's Waters and How We Can Stop It. Washington, DC: Centro de Política Mineral.

APÊNDICE
QUESTIONÁRIOS

1. Indicar, por favor, assinalando o nível de sensibilização para a extração tradicional de ouro no mercado

Número 1 e reunião

1,2 e local religioso

1, 2, 3 e idir

Tudo o que foi dito acima mahiber

2. Queira indicar, assinalando, as medidas legais tomadas contra quem explora minas de forma tradicional Vedação da zona

Aviso

Sanção financeira

Prender o ouro que eles extraíram

Prisão

3. Por favor, assinale com um X os seus conhecimentos sobre a conservação do solo

Conhecimento	SDA	DA	MA	A	SA
Eu sei que é ilegal					
Sei que expõe a terra a problemas					
Sei que é a única fonte nessa zona					
Sei que o sector mineiro tem riscos diferentes					
Sei que o governo está a seguir o uso					

4. Queira indicar, assinalando, o montante que ganha por mês com a atividade mineira

Abaixo de 1500

1500-2000

2001-2500

2501-3000

3001 e superior

RENDIMENTO FAMILIAR E EXTRACÇÃO DE OURO

INTRODUÇÃO

Antecedentes do estudo

O garimpo de ouro em pequena escala é uma importante atividade de subsistência. Permite que as famílias comprem o pão de cada dia, mandem as crianças para a escola, se desloquem e realizem outras actividades de subsistência para além do garimpo. O garimpo fornece os recursos que ajudam os indivíduos e as comunidades a progredir e a superar tempos difíceis. O facto de a exploração mineira também trazer muitos problemas é bem compreendido tanto pelos mineiros quilombolas como pelos membros das comunidades que rodeiam as minas. Estas comunidades dependem direta e indiretamente das actividades de extração de ouro em pequena escala e são afectadas por elas. Os diferentes grupos de homens, mulheres, idosos e garimpeiros concordaram em grande parte sobre quais são os piores impactos da mineração de ouro em pequena escala. Nas aldeias, a poluição da água e a malária são tipicamente vistas como os efeitos mais negativos. Os acidentes de trabalho e a criminalidade são outras preocupações dos garimpeiros. Muitos grupos mencionaram a poluição por mercúrio em conversas posteriores, muitas vezes em relação à poluição da água. A desflorestação, o ruído e a perda de respeito pelas autoridades locais não foram considerados problemas na maioria dos locais (Gelb. 1988).

Existem também diferenças importantes em termos de conhecimentos e preocupações entre e dentro dos grupos de discussão. Essas diferenças são parcialmente produzidas por diferenças na experiência pessoal. Por exemplo, os mineiros que trabalham com mercúrio sabem geralmente mais sobre esta substância do que os outros. As diferenças também reflectem a desigualdade de acesso ao capital humano (por exemplo, educação), à informação (por exemplo, dos investigadores) e aos recursos naturais (por exemplo, depósitos de ouro, água potável). Por exemplo, as mulheres são responsáveis por obter água potável para os seus agregados familiares e por cuidar das crianças doentes. Assim, a poluição da água e os problemas de saúde conexos, como a diarreia, afectam diretamente as suas vidas. Além disso, o grau de dependência económica da mineração de ouro em pequena escala molda as atitudes locais em relação a esta atividade. As pessoas das comunidades ao longo do rio Tapanahony superior queixam-se pouco da poluição porque o garimpo fornece o rendimento a cerca de três quartos das famílias destas comunidades. Em vários outros lugares, os garimpeiros foram convidados a parar de minerar perto da aldeia (Hughes, 1989).

Declaração do problema

Tanto os mineiros como os aldeões reconhecem que a exploração mineira também tem muitos efeitos negativos. Os mineiros estavam mais preocupados com os acidentes de trabalho, a malária e os crimes violentos. Para os habitantes das aldeias, a poluição da água e a malária são os mais importantes entre os piores impactos da exploração mineira. Em muitas aldeias, as fontes tradicionais de água potável já não são adequadas para consumo humano. Esta situação obriga as mulheres a remar ou a caminhar longas distâncias, a depender da água da torneira ou mesmo a comprar água na cidade. O afluxo de mineiros migrantes brasileiros é geralmente visto de forma negativa. Os brasileiros foram acusados de poluição, de trazerem doenças, incluindo o VIH/SIDA, e de levarem todo o ouro (Rosa, 1997),

Ao mesmo tempo, reconheceu-se que os mineiros locais tinham trazido brasileiros para a área e beneficiado da sua experiência mineira. Nem os mineiros nem os aldeões tinham ideias claras sobre como mitigar os impactos negativos da extração de ouro. A maioria das pessoas achava que o fechamento das minas de ouro não era uma opção; elas previam um aumento da pobreza, do crime e dos problemas sociais se isso ocorresse. O governo e os operadores das minas foram considerados responsáveis pela melhoria da saúde pública e das condições de trabalho nas minas. A mão de obra assalariada fornecida por uma empresa mineira de grande dimensão na região tem as vantagens de um salário estável e de condições de trabalho mais saudáveis e seguras. No entanto, atualmente, o tipo de trabalho temporário oferecido nas minas de grande escala não oferece a segurança económica e os benefícios sociais que o tornariam uma atividade alternativa de subsistência atraente. Isto conduz às seguintes questões de investigação:

1.   Qual é a situação do rendimento familiar proveniente da extração de ouro em termos de rendimento diário?

2.   Qual é o nível de extração de ouro em termos de tipo de ouro e quantidade de ouro em gramas?

3.   Existe uma relação entre o rendimento familiar e a extração de ouro em Walebo kebele?

Objetivo do estudo

O objetivo geral do estudo é analisar a relação entre o rendimento familiar e a extração de ouro no kebele de Walebo. O objetivo específico será o seguinte

1.   Identificar a situação do rendimento familiar proveniente da extração de ouro em termos de rendimento diário.

2.   Avaliar o nível de extração de ouro em termos de tipo de ouro e quantidade de ouro em gramas.

3.   Analisar a relação entre o rendimento familiar e a extração de ouro em Walebo kebele.

Hipótese do estudo

Não existe qualquer relação entre o rendimento familiar e a extração de ouro no kebele de Walebo.

Importância do estudo

O estudo apresentará a ideia proposta à comunidade para que esta possa identificar a forma como pode obter rendimentos da extração de ouro no kebele. Isto ajudará a comunidade a manter a sua situação económica. Este estudo também servirá de referência para diferentes pessoas que queiram ver a relação existente entre o rendimento familiar.

Limitações do estudo

O investigador pode deparar-se com diferentes problemas que podem levá-lo a interromper a realização do estudo. Entre esses problemas, o financiamento e a obtenção de documentos de origem não são fáceis. Por conseguinte, a fim de reforçar a sua situação financeira, o investigador procurará obter apoio externo da família, dos parentes e dos amigos.

Delimitação do estudo

Este estudo limita-se a analisar a relação entre o rendimento familiar e a extração de ouro em Walebo kebele.

REVISÃO DA LITERATURA RELACIONADA

Rendimento familiar

As ocorrências de ouro estão espalhadas por toda a Etiópia. Atualmente, estão em funcionamento duas minas de ouro em cinturão de rochas verdes no sul da Etiópia, enquanto estão em curso estudos de viabilidade de dois outros prospectos de ouro em rochas verdes no oeste do país. O ouro é o principal mineral de exportação da Etiópia e tem sido extraído desde tempos antigos, principalmente como ouro aluvial ou livre. Atualmente, a Etiópia tem uma única mina de ouro em grande escala, a Midroc Gold Mine em Lega Dembi, que é uma mina a céu aberto em funcionamento na Etiópia. A mina foi privatizada e atribuída à Midroc Ethiopia em 1997. A produção média anual totaliza 4,5 t. O depósito de Lega Dembi é o maior produtor de ouro da Etiópia. A mina a céu aberto de Lega Dembi tem reservas comprovadas de ouro de cerca de 66 toneladas com um teor médio de 3,7 g/t. A produção anual em Lega Dembi é de 3500 kg por ano (Davis, 2003).

Os trabalhos subterrâneos em Lega Dembi, onde as reservas de ouro estão estimadas em cerca de 11 toneladas com um teor médio de 3,59 g/t, começaram em 2000. Atualmente, os túneis atingiram um comprimento de 8,8 km. As operações efectivas começaram em 2009 e a mina produz atualmente cerca de 1 086 kg por ano. A mina subterrânea de East Sakaro revelou uma reserva extraível de cerca de 18 toneladas com um grau médio de 10,42g/t. A Sheba Explorations está registada em Inglaterra e opera através da sua única filial, a Sheba Exploration Limited, no norte da Etiópia. A empresa está atualmente a explorar em Una Deriam EEL, uma tendência de anomalias de ouro com 10 quilómetros de comprimento; Shehagne EEL, uma anomalia de solo de ouro com 2,8 quilómetros de comprimento, com uma licença que está agora sob opção para a Stratex International Plc; e Finarwa EPL. A Nyota Minerals é uma empresa de exploração e desenvolvimento atualmente centrada na exploração e desenvolvimento de Tulu Kapi, o seu principal projeto na Etiópia Ocidental. Este projeto compreende uma área de aproximadamente 3000 kms quadrados onde a empresa estabeleceu um Recurso Total Inferido JORC de 1,38 milhões de onças de ouro (Hughes, 1989).

É impossível saber a data exacta em que os humanos começaram a extrair ouro, mas alguns dos mais antigos artefactos de ouro conhecidos foram encontrados na Necrópole de Varna, na Bulgária. Os túmulos da necrópole foram construídos entre 4700 e 4200 a.C., o que indica que a extração de ouro pode ter pelo menos 7000 anos. Os objectos de ouro são abundantes na Idade do Bronze, especialmente na Irlanda e em Espanha, e há várias fontes possíveis bem conhecidas. Os romanos utilizaram métodos de extração hidráulica, como a escavação e a extração de ouro em grande escala de extensos depósitos aluviais, como os de Las Medulas. A exploração mineira estava sob o controlo do Estado, mas as minas podem ter sido alugadas a empreiteiros civis algum tempo depois. O ouro serviu como principal meio de troca dentro do império e foi um motivo importante para a invasão romana da Grã-Bretanha por Cláudio no século I d.C., embora só se conheça uma mina de ouro romana em Dolaucothi, no oeste do País de Gales. O ouro foi uma das principais motivações para a campanha na Dácia, quando os romanos invadiram a Transilvânia, no que é hoje a Roménia moderna, no século II d.C. As legiões eram lideradas pelo imperador Trajano, e as suas façanhas são mostradas na Coluna de Trajano em Roma e nas várias reproduções da coluna noutros locais (como o Museu Victoria and Albert em Londres) (Gelb. 1988).

Sob o domínio do imperador Justiniano, do Império Romano do Oriente, o ouro foi extraído nos Balcãs, na Anatólia, na Arménia, no Egito e na Núbia. O ouro foi extraído pela primeira vez na área dos Campos de Ouro de Kolar (KGF), em Bangarpet Taluk, distrito de Kolar, no estado de Karnataka, Índia, antes dos séculos II e III d.C., através da escavação de pequenos poços. (Os objectos de ouro encontrados em Harappa e Mohenjo-daro foram atribuídos à KGF através da análise de impurezas - as impurezas incluem uma concentração de 11% de prata, encontrada apenas no minério da KGF). Durante o período Chola, nos séculos IX e X d.C., a escala da operação cresceu, A tradição da extração de ouro começou, pelo menos, no primeiro milénio a.C. O recife Champion, nos campos de ouro de Kolar, foi extraído a uma profundidade de 50 metros (160 pés) durante o período Gupta, no século V d.C. O metal continuou a ser extraído pelos reis do século XI do Sul da Índia, pelo Império Vijayanagara, de 1336 a 1560, e, mais tarde, por Tipu Sultan, pelo rei do estado de Mysore e pelos britânicos. Estima-se que a produção total de ouro em Karnataka até à data seja de 1000 toneladas (Rosa, 1997),

A descoberta de ouro em Witwatersrand levou à Segunda Guerra dos Bôeres e, por fim, à fundação da África do Sul. A <u>tendência de Carlin</u>, no Nevada, EUA, foi descoberta em 1961. As estimativas oficiais indicam que a produção mundial total de ouro desde o início da civilização foi de 4,97 mil milhões de onças troy e que a produção total do Nevada corresponde a três por cento desse valor, o que classifica o Nevada como uma das principais regiões produtoras de ouro da Terra (Galloway, 1997).

Os grandes operadores produzem a maior parte do ouro recuperado e refinado, mas os mineiros independentes e de pequena escala constituem a maioria das devoluções registadas. Historicamente, a extração mineira tem sido uma atividade baseada em dinheiro. Muitas vezes, o mineiro tem pouca ou nenhuma documentação para apoiar a atividade. Se existirem registos, estes são frequentemente desorganizados. Os recibos escritos à mão são comuns. Este guia aborda algumas áreas problemáticas específicas encontradas no exame das operações mineiras mais pequenas, com ênfase no mineiro de placer. De acordo com a atual legislação fiscal, as despesas de exploração e desenvolvimento podem ser deduzidas na totalidade no ano em que são pagas ou incorridas. As despesas devem ser recuperadas no ano em que a mina entra na fase de produção ou aquando da alienação da propriedade. Na realidade, poucos mineiros afirmam estar na fase de produção, as alienações raramente são comunicadas e é improvável que se encontre uma contabilidade adequada para a recuperação das despesas. No passado, os contribuintes deduziram grandes perdas mineiras com pouco ou nenhum recurso por parte do Governo. A secção 183 do IRC reforçou a posição do Serviço, ao considerar que um mineiro deve exercer uma atividade comercial ou empresarial ou uma atividade destinada à produção de rendimentos com o objetivo de obter lucros para poder reclamar despesas relacionadas com a exploração mineira, tais como as despesas de exploração e desenvolvimento (Johnson, 1997).

O pequeno mineiro de aluvião geralmente alega uma perda no Cronograma C criada pela dedução de despesas de exploração e desenvolvimento com pouca ou nenhuma receita de mineração. O mineiro alega estar na fase de exploração ou desenvolvimento quando, na verdade, o ouro está a ser produzido e vendido. O examinador concluirá geralmente que as despesas estão relacionadas com a extração de ouro, enquanto as vendas de ouro não são declaradas. O mineiro pode ser obrigado a manter um inventário de minerais e a declarar o custo dos bens vendidos, incluindo os custos necessários para refletir claramente o rendimento após a correspondência entre o rendimento e as despesas principais. Os examinadores devem verificar a fase de exploração mineira, procurar rendimentos não declarados e confirmar a existência de um inventário. A maioria das despesas será considerada como custos diretos ou indirectos da exploração mineira, que devem ser incluídos no custo das mercadorias vendidas. Consequentemente, as perdas na exploração mineira podem ser reduzidas quer pelo aumento dos rendimentos, quer pela diminuição das despesas dedutíveis, ou por ambos (Global, 1998).

Extração de ouro

A extração de ouro é a remoção do ouro do solo. Existem várias técnicas e processos através dos quais o ouro pode ser extraído da terra. A extração de ouro envolve o método de extração de ouro do solo. Existem muitos métodos de extração utilizados no passado. Estes métodos incluem o Pudding, Shaft Mining, Dredging, Panning, Cradling e Dry Blowing. O método atual é a extração de ouro a céu aberto. Entre todos os métodos de extração de ouro, o Panning é o mais antigo. Este processo, que envolve a separação do ouro da rocha, foi lançado em 1848 por Isaac Humphrey em Coloma. No México, os mineiros desenvolveram o Panning utilizando uma placa plana chamada Batea. Sendo o método mais comum nos campos de ouro, este processo era lento mesmo para os especialistas. De tal forma que, num trabalho de 12 horas, um mineiro passava o dia inteiro a lavar 50 panelas. O processo consiste em soltar a rocha com uma picareta e uma pá. As partículas quebradas são depois levadas com a ajuda de um carrinho de mão para a baía, onde são lavadas e agitadas com uma panela de metal. Aqui, as peças de ouro caem para o fundo da panela à medida que a água desprende as rochas. Este método é útil sobretudo para os trabalhadores pacientes e persistentes. Com este método, é certo que encontrará muitos pequenos pedaços de ouro (Galloway, 1997).

Tipo de ouro

Tal como outros metais preciosos, o ouro é medido em peso troy e em gramas. Quando é ligado a outros metais, o termo *quilate* é utilizado para indicar a pureza do ouro presente, sendo 24 quilates o ouro puro e as classificações inferiores proporcionalmente menos. A pureza de uma barra ou moeda de ouro também pode ser expressa como um número decimal que varia entre 0 e 1, conhecido como finura milésimal, sendo 0,995 o grau de pureza muito elevado. O preço do ouro é determinado através da negociação nos mercados do ouro e dos derivados, mas um procedimento conhecido como a fixação do ouro em Londres, com origem em setembro de 1919, fornece um preço de referência diário à indústria. A fixação da tarde foi introduzida em 1968 para fornecer um preço quando os mercados dos EUA estão abertos (Gardner, 1998).

A maioria das pessoas está familiarizada com jóias feitas em ouro de 14k (18k é o padrão no exterior), conhecido como ouro amarelo ou ouro branco. O ouro para jóias também é moído em tons subtis de verde e vermelho (também chamado rosa). O ouro vermelho assemelha-se ao cobre polido, mas não mancha como o cobre. O ouro verde tem uma tonalidade muito próxima do amarelo de 14k, mas tem um ligeiro tom esverdeado. O ouro branco é prateado com um toque de amarelo ou, no caso do nosso ouro branco de paládio, a cor é um prateado acinzentado (à esquerda). A platina não é um ouro, mas é um metal precioso cada vez mais popular na joalharia fina. Mais pesada do que o ouro, a platina tem um brilho cinzento prateado puro e é um metal muito forte. A prata esterlina é um metal muito apreciado e acessível, com uma tonalidade esbranquiçada e prateada. Podemos tecer qualquer um dos nossos estilos de anéis em combinações de qualquer um destes metais. Se estiver interessado em utilizar combinações de metais ou de ouro de cores diferentes no(s) seu(s) anel(s), contacte-nos por telefone ou envie-nos um e-mail com o seu pedido. Visite a nossa página de combinações de ouro para ver algumas possibilidades (Collier, 2001),

O ouro é o mais apreciado de todos os metais. O seu brilho amarelo vivo e a sua maleabilidade fazem dele, desde os primórdios da história, o metal mais apreciado. Os primeiros artesãos utilizavam o ouro para criar peças decorativas de todos os tipos. Na Idade Média, os artesãos eram treinados como ourives para criar jóias e ornamentos da mais alta qualidade, alguns superando o trabalho feito pelos artesãos de hoje (Fearnside, 1989).

O ouro encontrado no seu estado nativo raramente é puro de 24 quilates, mas está normalmente associado à prata e, frequentemente, ao mercúrio. No seu estado natural de ouro puro, a substância é muito maleável e pode ser martelada em folhas muito finas. Quando o teor de prata é uma percentagem elevada de uma massa de ouro natural, o metal é chamado electrum, uma liga natural. O ouro também se encontra em teluretos e em minérios que contêm quartzo, onde é visível ou está encerrado em partículas de minerais de sulfureto, como a calcopirite, a pirrotite, a pirite e a arsenopirite. Em algumas minas de ouro de alta produção, o ouro não é visível e só pode ser visto numa superfície altamente polida quando observado através de um microscópio de alta potência (Global, 1998).

Quantidade de ouro em gramas

7 de fevereiro de 2008 (ADDIS ABABA) - Uma empresa privada proprietária da única mina de ouro em funcionamento na Etiópia disse na quinta-feira que encontrou 70.000 kg de potenciais reservas de ouro no sul do país. "A MIDROC Gold Mining Company, proprietária da mina de ouro de Legedembi, planeia realizar a extração de 70.288 kg de ouro nos próximos 13 anos em três grandes áreas identificadas com reservas potenciais", disse Arega Yirdaw, diretor-geral da empresa, aos meios de comunicação locais. "A empresa está agora envolvida em actividades de exploração em três áreas com potenciais de ouro identificados", disse ele. Na quarta-feira, os futuros do ouro em Nova Iorque atingiram máximos históricos de 942,40 dólares por onça, após as horas oficiais do mercado, reagindo ao corte de meio ponto percentual nas taxas pela Reserva Federal. O ouro tinha terminado o comércio oficial em $926,30 a onça, uma queda de $4,50.

A empresa adquiriu a mina de ouro de Lege dembi - situada na cintura de ouro da Etiópia, 500 km a sul de Adis Abeba - ao governo em 1997, com um preço de aquisição de 172 milhões de dólares. Os funcionários do governo dizem que o país identificou mais de 500 toneladas de potenciais reservas de ouro. A Etiópia gera anualmente cerca de 100 milhões de dólares com as exportações de ouro, segundo o Ministério do Comércio e da Indústria.

O ouro também é produzido por minas em que não é o produto principal. As grandes minas de cobre, como a <u>mina de Bingham Canyon</u>, no Utah, recuperam frequentemente quantidades consideráveis de ouro e outros metais juntamente com o cobre. Algumas minas de areia e cascalho, como as de Denver, Colorado, podem recuperar pequenas quantidades de ouro nas suas operações de lavagem. A maior mina de ouro do mundo, a <u>mina de Grasberg</u> em Papua, Indonésia, é principalmente uma mina de cobre (Gardner, 1998).

Resumo da revisão da literatura relacionada

Várias pessoas afirmaram ser capazes de recuperar economicamente o ouro da <u>água do mar</u>, mas até agora todas elas se enganaram ou agiram de forma intencional. Um pretenso reverendo, Prescott Jernegan, fez um golpe do ouro da água do mar nos <u>Estados Unidos</u> na década de 1890. Um fraudador britânico aplicou o mesmo esquema em <u>Inglaterra</u> no início dos anos 1900. <u>Fritz Haber</u> (o inventor alemão do <u>processo Haber)</u> fez uma pesquisa sobre a extração de ouro da água do mar num esforço para ajudar a pagar as reparações da <u>Alemanha</u> após a <u>Primeira Guerra Mundial</u>. Com base nos valores publicados de 2 a 64 ppb de ouro na água do mar, uma extração comercialmente bem sucedida parecia possível. Após a análise de 4.000 amostras de água, que produziram uma média de 0,004 ppb, tornou-se claro que a extração não seria possível e o projeto foi interrompido. Ainda não foi identificado nenhum mecanismo comercialmente viável para realizar a extração de ouro da água do mar. <u>A síntese de ouro</u> não é economicamente viável e é pouco provável que o venha a ser num futuro próximo.

METODOLOGIA

Quadro teórico

A extração de ouro é a <u>remoção</u> do <u>ouro</u> do solo. Existem várias técnicas e processos através dos quais o ouro pode ser extraído da terra. A extração de ouro envolve o método de extração de ouro do solo. Existem muitos métodos de extração utilizados no passado. Estes métodos incluem o Pudding, Shaft Mining, Dredging, Panning, Cradling e Dry Blowing. O método atual é a extração de ouro a céu aberto. Entre todos os métodos de extração de ouro, o Panning é o mais antigo. Este processo, que envolve a separação do ouro da rocha, foi lançado em 1848 por Isaac Humphrey em Coloma. No México, os mineiros desenvolveram o Panning utilizando uma placa plana chamada Batea. Este processo é representado graficamente da seguinte forma:

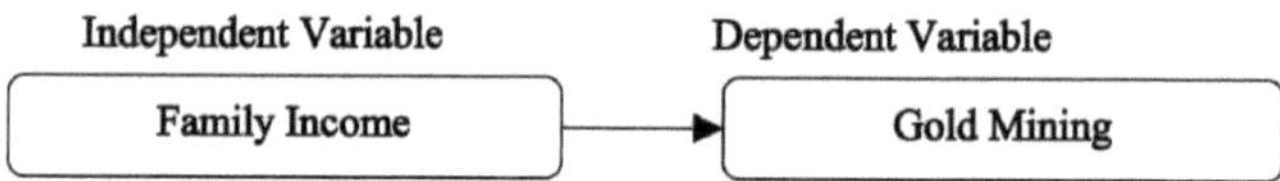

Figura A: Mostra o Quadro Teórico das variáveis

Quadro concetual

O objetivo geral do estudo é analisar a relação entre o rendimento familiar e a extração de ouro no kebele de Walebo. O objetivo específico será o seguinte

1.   Identificar a situação do rendimento familiar proveniente da extração de ouro em termos de rendimento diário.

2.   Avaliar o nível de extração de ouro em termos de tipo de ouro e quantidade de ouro em gramas.

3.   Analisar a relação entre o rendimento familiar e a extração de ouro no kebele de Walebo.

Literatura citada

Collier, Hoeffler (2001), "Greed and Grievance in Civil War", Documento do Banco Mundial.

Davis, Tilton (2003), "Should Developing Countries Renounce Mining? A Perspective on the Debate", documento contribuído para a Extractive Industries Review (EIR). Disponível online em Fearnside, Pone. (1989), "The Charcoal of Carajàs: A Threat to the Forests of Brazil's Eastern Amazon Region," Ambio Vol 18 (2): p. 142.

Galloway, Perry (1997), "Mining Regulatory Problems and Fixes," In C.D. Da Rosa (ed.) Golden Dreams, Poisoned Streams

Gardner, Sampat (1998), Mind Over Matter: Recasting the Role of Materials in our Lives, Worldwatch PaperNo. 144 Washington, DC: Worldwatch Institute.

Gelb. Aen. (1988), Oil Windfalls: Blessing or Curse? New York: Oxford University Press.

Governo da Papua Nova Guiné (GoPNG) (2002), "Fourth Quarter Bulletin: Annual Bulletin, 2001" PNG Department of Mining. Port Moresby, PNG: GoPNG.

Global Witness (1998), A Rough Trade: The Role of Companies and Governments in the Angolan Conflict, Londres: Global Witness, disponível em http://www.globalwitness.org). Último acesso em 11/5/01.

Hughes,. Sullivan (1989), "Environmental ImpactAssessment in PapuaNew Guinea: Lessons for the Wider Pacific Region", Pacific Viewpoint Vol 30 (1).

Johnson, Sow. (1997a), "Hydrologic Effects," In J.J. Marcus (ed.) Mining Environmental Handbook. Londres: Imperial College Press

Rosa,. Lyon (1997), Golden Dreams, Poisoned Streams: How Reckless Mining Pollutes America's Waters and How We Can Stop It. Washington, DC: Centro de Política Mineral.

DESAFIO DOS AGRICULTORES PARA AUMENTAR A PRODUTIVIDADE DA CULTURA DO MILHO

INTRODUÇÃO

Antecedentes do estudo

Desde os seus primórdios, o Grupo Consultivo para a Investigação Agrícola Internacional (CGIAR) e os seus centros membros têm estado na vanguarda da investigação relativa à adoção de novas tecnologias agrícolas pelos agricultores dos países em desenvolvimento. Ao longo dos anos, a natureza das questões colocadas mudou. Nos primeiros anos, os decisores políticos e os investigadores procuravam estatísticas descritivas simples sobre a utilização e a difusão de novas variedades de sementes e tecnologias associadas, como os fertilizantes e a irrigação. Mais tarde, surgiram preocupações sobre o impacto da adoção de tecnologias - na produção de produtos, na pobreza e na subnutrição, na dimensão das explorações e na utilização de factores de produção na agricultura, e numa variedade de questões sociais. Mais uma vez, os centros CGIAR desempenharam um papel importante no desenvolvimento de metodologias para responder a essas preocupações e os investigadores dos centros CGIAR realizaram inquéritos inovadores e recolheram enormes quantidades de dados para descrever e documentar a adoção de novas tecnologias agrícolas.

No entanto, subsistem muitas questões. Ao nível mais simples, ainda temos lacunas consideráveis no nosso conhecimento sobre quais as tecnologias que estão a ser adoptadas, onde e por quem. Surgiram também questões mais importantes. Os académicos e os decisores políticos interrogam-se sobre o papel das políticas, das instituições e das infra-estruturas no aumento da produtividade agrícola. Estas questões são mais complicadas de abordar. As estatísticas descritivas simples não oferecem muita informação sobre o processo de adoção de tecnologia ou de crescimento da produtividade. Consequentemente, grande parte da literatura sobre adoção publicada nos últimos anos tem-se centrado em questões metodológicas, tentando modelar o processo de adoção de tecnologias e obter medidas empíricas da importância dos diferentes factores. De um ponto de vista econométrico, esta literatura tem-se debatido com problemas profundamente enraizados de simultaneidade e endogeneidade - problemas que não eram importantes na primeira geração de investigação descritiva.

Declaração do problema

Mais de 85% da população etíope, residente na zona rural, dedica-se à produção agrícola como principal meio de subsistência. No entanto, a produtividade agrícola é baixa devido à utilização de um nível reduzido de tecnologias agrícolas melhoradas, aos riscos associados às condições climatéricas, às doenças e às pragas, etc. Além disso, devido ao aumento constante da pressão demográfica, a propriedade fundiária por agregado familiar está a diminuir, o que conduz a um baixo nível de produção para satisfazer as necessidades de consumo dos agregados familiares (Bezabih e Hadera , 2007).

Um olhar atento sobre o desempenho da agricultura etíope revela que, nas últimas três décadas, esta não conseguiu produzir quantidades suficientes para alimentar a população humana em rápido crescimento no país (Belay e Degnet, 2004). Para garantir a segurança alimentar, o país precisa de melhorar o seu sector agrícola de forma sustentável. O documento sobre a política e a estratégia de desenvolvimento rural da Etiópia deu importância à diversificação e à especialização dos sistemas de produção, como uma das estratégias para garantir a segurança alimentar das famílias.

O tema principal deste estudo foi o esclarecimento dos factores que fazem a diferença no nível de adoção de um pacote de produção melhorado de cebola entre os agricultores. As conclusões deste estudo constituem informação muito valiosa para uma maior promoção desta importante cultura na zona de estudo. Além disso, os critérios de avaliação tecnológica dos agricultores ajudariam os investigadores a desenvolver tecnologias adequadas à situação local e em conformidade com os critérios dos agricultores. As tecnologias desenvolvidas em estações de investigação em ambiente controlado e avaliadas apenas pelos critérios dos investigadores, geralmente não satisfazem as necessidades dos agricultores e estes simplesmente descartam esse tipo de tecnologias. No entanto, os critérios de avaliação tecnológica dos agricultores, bem como os factores que influenciam a intensidade de adoção de pacotes de produção de trigo melhorados, diferem de pessoa para pessoa e de local para local. Tendo em conta estas questões críticas, o presente. Isto conduz às seguintes questões de investigação:

1.   Qual é o desafio dos agricultores em termos de preço dos fertilizantes e de dimensão dos terrenos?

2.   Qual é o nível de produção de milho em termos de produção e de superfície coberta por milho em hectares?

3.   Existe uma relação entre o desafio dos agricultores e a produção de milho em Kembershemo kebele?

Objetivo do estudo

O objetivo geral do estudo é analisar a relação entre o desafio dos agricultores e a produção de milho em Kembershemo kebele. O objetivo específico será o seguinte:

1.   Identificar os desafios dos agricultores em termos de preço dos fertilizantes e dimensão da terra.

2.   Avaliar o nível de produção de milho em termos de produção e de terra coberta por milho em hectares.

3.   Analisar a relação entre o desafio dos agricultores e a produção de milho em Kembershemo kebele.

Hipótese do estudo

Não existe qualquer relação entre o desafio dos agricultores e a produção de milho em Kembershemo kebele.

Importância do estudo

Os agricultores nem sempre adoptam as tecnologias recentemente introduzidas que lhes chegam de qualquer organização de extensão. Tentam avaliá-las de acordo com a sua correspondência com a sua importância social, ambiental e económica. Assim, a compreensão destes factores é importante para os cientistas desenvolverem e gerarem tecnologias agrícolas que se adaptem às condições actuais dos agricultores. Os decisores políticos também beneficiarão da investigação realizada, uma vez que necessitam de informação ao nível micro para formular e rever políticas e estratégias.

Assim, o estudo presumiu produzir informação muito importante relacionada com os critérios de avaliação de variedades pelos agricultores e os factores que influenciam a adoção de um pacote de produção de milho melhorado na área de estudo. Finalmente, espera-se que a informação produzida por este estudo seja de algum valor para os geradores de tecnologia, agentes de extensão e decisores políticos. Mesmo assim, os resultados deste estudo podem ser usados como referência para outros estudos semelhantes noutras áreas.

Limitações do estudo

O investigador pode deparar-se com problemas de ordem financeira, de recursos e de falta de interesse dos inquiridos em responder aos questionários que lhes são apresentados em pormenor. Por conseguinte, o investigador resolverá os problemas em conformidade com o carácter do problema.

Delimitação do estudo

Entre as culturas que crescem na área de estudo, este estudo centra-se na obtenção de informações pormenorizadas sobre práticas melhoradas do pacote tecnológico de produção de milho. Por conseguinte, a cobertura tecnológica limita-se apenas à produção de milho e restringe-se a Kembershemo kebele em termos de cobertura de área.

REVISÃO DA LITERATURA RELACIONADA

Desafio dos agricultores

Num estudo realizado na Etiópia, tentou-se obter informações sobre o potencial de crédito perguntando aos agricultores se podiam pedir dinheiro emprestado. Esta parece ser uma boa abordagem. No entanto, mesmo neste caso, a disponibilidade de crédito pode depender da sua utilização proposta. Por exemplo, os agricultores podem pedir um empréstimo para fertilizantes, mas não para compras de consumo. As medidas de riqueza são frequentemente utilizadas no lado direito dos modelos de adoção. Espera-se que a riqueza afecte as decisões de adoção por uma série de razões, incluindo o facto de os agricultores mais ricos terem maior acesso a recursos e serem mais capazes de assumir riscos. O desafio aqui é encontrar medidas de riqueza que não contenham também informação substancial sobre outros factores relacionados com a adoção. Por exemplo, a dimensão da propriedade fundiária é frequentemente utilizada para medir a riqueza dos agricultores, mas esta medida também recolhe informações sobre a existência ou não de economias de escala na produção utilizando tecnologias melhoradas.

Preço do fertilizante

A adoção de fertilizantes. No Quénia, quatro estudos examinaram a produção de milho, três dos quais examinaram a adoção de variedades melhoradas de milho e de fertilizantes, enquanto um examinou a utilização de fertilizantes orgânicos e inorgânicos entre os produtores de milho. Um quinto estudo no Quénia examinou a adoção de variedades melhoradas de trigo e de fertilizantes. Sete estudos na Tanzânia examinaram a adoção de variedades melhoradas de milho e de fertilizantes, enquanto um examinou a adoção de trigo melhorado e de fertilizantes. Apenas um estudo foi concluído no Uganda. Este estudo examinou a adoção de variedades melhoradas de milho e de fertilizantes. Cada um dos estudos tratou da adoção de tecnologia num determinado local ou conjunto de locais. Os locais de estudo situavam-se geralmente nas principais zonas de produção de trigo ou de milho. Os relatórios apresentam dados descritivos pormenorizados sobre os agricultores e as explorações agrícolas, com destaque para a utilização de tecnologias melhoradas e os condicionalismos que os agricultores enfrentam.

Tamanho do terreno.

A propriedade da terra é frequentemente considerada como um pré-requisito para a obtenção de crédito. Por exemplo, na Etiópia, os agricultores devem ter pelo menos 0,5 ha de milho para poderem participar no regime de crédito para o milho. No Quénia, o Regime de Crédito Sazonal exige que os agricultores tenham pelo menos cinco acres de terra. Assim, os agricultores com quantidades mais pequenas de terra não terão acesso ao crédito formal através destes canais. Em algumas circunstâncias, pode ser possível assumir que se qualquer agricultor de uma aldeia que cumpra os requisitos de terra obtiver crédito, então outros com propriedades semelhantes ou maiores também terão acesso ao crédito.

A posse de terras pode também reflectir o estatuto social e o prestígio associados à posse de terras e, possivelmente, a capacidade de um agricultor obter crédito. A utilização de uma medida alternativa de riqueza, como a posse de gado, pode ser complicada pelo facto de os bois fornecerem força de tração e estrume. Os agricultores com mais gado podem ser mais ricos e, portanto, mais propensos a adotar fertilizantes. Mas, simultaneamente, podem ter mais acesso à força de tração e menos necessidade de fertilizantes inorgânicos. Em alguns locais, os agricultores podem possuir bens não agrícolas que podem ser bons indicadores de riqueza. Estes podem incluir uma bicicleta, televisão, rádio ou outros bens de consumo. Os indicadores do tipo de habitação (se o telhado é de colmo ou de metal ondulado) podem ser medidas úteis. Embora possa ser importante incluir a terra e o gado nas análises de regressão, deve ter-se cuidado ao interpretar os resultados como simples medidas do efeito da riqueza.

Nível de produção de milho

O milho e a farinha de milho (milho seco moído) constituem um alimento básico em muitas regiões do mundo. Introduzido em África pelos portugueses no século XVI, o milho tornou-se a cultura alimentar básica mais importante de África. A farinha de milho é transformada numa papa espessa em muitas culturas: desde a polenta de Itália, o angu do Brasil, o mămăligă da Roménia, até ao mingau de farinha de milho nos EUA (e os grãos de canjica no Sul) ou o alimento chamado mealie pap na África do Sul e sadza, nshima e ugali noutras partes de África. A farinha de milho é também utilizada como substituto da farinha de trigo, para fazer pão de milho e outros produtos de pastelaria. A masa (farinha de milho tratada com água de cal) é o principal ingrediente das tortilhas, do atole e de muitos outros pratos da cozinha mexicana.

As pipocas consistem em grãos de certas variedades que explodem quando aquecidos, formando pedaços fofos que são consumidos como petisco. As espigas de milho secas assadas com grãos semi-endurecidos, revestidas com uma mistura de temperos de cebolinhas picadas fritas com sal adicionado ao óleo, são um petisco popular no Vietname. A cancha, que são grãos de chulpa de milho torrados, é um snack muito popular no Peru e também aparece no ceviche tradicional peruano. Um pão ázimo chamado makki di roti é um pão popular consumido na região do Punjab, na Índia e no Paquistão.

A chicha e a chicha morada (chicha roxa) são bebidas tipicamente feitas de tipos específicos de milho. A primeira é fermentada e alcoólica, a segunda é um refrigerante vulgarmente consumido no Peru. Os flocos de milho são um cereal de pequeno-almoço comum na América do Norte e no Reino Unido e encontram-se em muitos outros países de todo o mundo. O milho também pode ser preparado como canjica, em que os grãos são embebidos em lixívia num processo chamado nixtamalização; ou grits, que são canjica moída grosseiramente. Estes são comumente consumidos no sudeste dos Estados Unidos, alimentos transmitidos pelos nativos americanos, que chamavam o prato de sagamite.

Produção

Nas zonas temperadas, o milho deve ser plantado na primavera. O seu sistema radicular é geralmente pouco profundo, pelo que a planta depende da humidade do solo. Sendo uma planta C4 (uma planta que utiliza a fixação de carbono C4), o milho é uma cultura consideravelmente mais eficiente em termos de água do que as plantas C3 (plantas que utilizam a fixação de carbono C3), como os pequenos grãos, a alfafa e a soja. O milho é mais sensível à seca na altura da emergência da seda, quando as flores estão prontas para a polinização. Nos Estados Unidos, previa-se tradicionalmente uma boa colheita se o milho estivesse "à altura do joelho no dia 4 de julho", embora os híbridos modernos excedam geralmente esta taxa de crescimento. O milho utilizado para silagem é colhido enquanto a planta está verde e os frutos imaturos. O milho doce é colhido na "fase de leite", após a polinização mas antes da formação do amido, entre o final do verão e o início e meados do outono. O milho de campo é deixado no campo até muito tarde, no outono, para secar completamente o grão, e pode, de facto, por vezes, não ser colhido até ao inverno ou mesmo até ao início da primavera. A importância de uma humidade suficiente do solo é demonstrada em muitas partes de África, onde as secas periódicas provocam regularmente a fome, causando a quebra da cultura do milho.

O milho era plantado pelos nativos americanos em colinas, num sistema complexo conhecido por alguns como as Três Irmãs. O milho servia de suporte para o feijão, que fornecia azoto derivado das bactérias rizóbios fixadoras de azoto que vivem nas raízes do feijão e de outras leguminosas; e as abóboras forneciam cobertura vegetal para impedir as ervas daninhas e inibir a evaporação, proporcionando sombra sobre o solo. Este método foi substituído pela plantação em colinas de uma única espécie, em que cada colina com 60-120 cm de distância era plantada com três ou quatro sementes, um método ainda utilizado por jardineiros domésticos. Uma técnica posterior foi o "milho controlado", em que os montes eram colocados a 40 polegadas (1,0 metro) de distância em cada direção, permitindo que os cultivadores percorressem o campo em duas direcções. Em terras mais áridas, esta técnica foi alterada e as sementes foram plantadas no fundo de sulcos de 10-12 cm (3,9-4,7 in) de profundidade para recolher água. A técnica moderna planta o milho em linhas, o que permite o cultivo enquanto a planta é jovem, embora a técnica da colina ainda seja utilizada nos campos de milho de alguns nativos

Reservas americanas.

Na América do Norte, os campos são frequentemente plantados numa rotação de duas culturas com uma cultura fixadora de azoto, frequentemente luzerna em climas mais frios e soja em regiões com verões mais longos. Por vezes, é acrescentada uma terceira cultura, o trigo de inverno, à rotação. Muitas das variedades de milho cultivadas nos Estados Unidos e no Canadá são híbridas. Muitas vezes, as variedades foram geneticamente modificadas para tolerar o glifosato ou para fornecer proteção contra pragas naturais. O glifosato (nome comercial Roundup) é um herbicida que mata todas as plantas, exceto as que têm tolerância genética. Esta tolerância genética é muito rara na natureza.

No centro-oeste dos Estados Unidos, são geralmente utilizadas técnicas agrícolas de plantio direto ou plantio direto. No plantio direto, os campos são cobertos uma vez, talvez duas, com uma alfaia de lavoura, antes da plantação ou após a colheita anterior. Os campos são plantados e fertilizados. As ervas daninhas são controladas através da utilização de herbicidas e não é efectuada qualquer mobilização do solo durante a estação de crescimento. Esta técnica reduz a evaporação da humidade do solo, proporcionando assim mais humidade para a cultura. As tecnologias mencionadas no parágrafo anterior permitem o plantio direto e o plantio direto. As ervas daninhas competem com a cultura pela humidade e pelos nutrientes, o que as torna indesejáveis.

Antes da Segunda Guerra Mundial, a maior parte do milho na América do Norte era colhido à mão (como ainda o é na maioria dos outros países onde é cultivado). Isto implica um grande número de trabalhadores e eventos sociais associados (descascar ou descascar abelhas). Foram utilizadas algumas máquinas de colheita mecânica de uma e duas linhas, mas a ceifeira-debulhadora de milho só foi adoptada depois da guerra. Com a colhedora manual ou mecânica, toda a espiga é colhida, o que exige uma operação separada de descasque do milho para retirar os grãos da espiga. As espigas inteiras de milho eram muitas vezes armazenadas em palheiros, e estas espigas inteiras são suficientes para algumas utilizações na alimentação do gado. Poucas explorações agrícolas modernas armazenam o milho desta forma. A maioria colhe o grão do campo e armazena-o em silos. A ceifeira-debulhadora com uma cabeça de milho (com pontas e rolos de encaixe em vez de uma bobina) não corta o talo; simplesmente puxa o talo para baixo. O caule continua a descer e é amassado no chão, formando uma pilha deformada. A espiga de milho é demasiado grande para passar entre as ranhuras de um prato, uma vez que os rolos de pressão puxam o caule para fora, deixando apenas a espiga e a casca para entrar na máquina. A ceifeira-debulhadora separa a casca e a espiga, conservando apenas os grãos.

Terra coberta por milho

O milho é amplamente cultivado em todo o mundo, sendo produzido anualmente um peso superior ao de qualquer outro cereal. Os Estados Unidos produzem 40% da colheita mundial; outros países produtores de topo incluem a China, o Brasil, o México, a Indonésia, a Índia, a França e a Argentina. A produção mundial foi de 817 milhões de toneladas em 2009 - mais do que o arroz (678 milhões de toneladas) ou o trigo (682 milhões de toneladas).[2 6] Em 2009, foram plantados mais de 159 milhões de hectares (390 milhões de acres) de milho em todo o mundo, com um rendimento superior a 5 toneladas/hectare (80 bu/acre). A produção pode ser significativamente mais elevada em certas regiões do mundo; as previsões de 2009 para a produção no Iowa eram de 11614 kg/ha (185 bu/acre). Existem provas contraditórias que apoiam a hipótese de o potencial de rendimento do milho ter aumentado nas últimas décadas. Tal sugere que as alterações no potencial de rendimento estão associadas ao ângulo foliar, à resistência ao acamamento, à tolerância a uma elevada densidade de plantas, à tolerância a doenças/pragas e a outras caraterísticas agronómicas, e não ao aumento do potencial de rendimento por planta individual.

Resumo da revisão da literatura relacionada

O "milho forrageiro" está a ser cada vez mais utilizado para aquecimento; existem fogões de milho especializados (semelhantes aos fogões a lenha) que utilizam milho forrageiro ou pellets de madeira para gerar calor. As espigas de milho também são utilizadas como fonte de combustível de biomassa. O milho é relativamente barato e foram desenvolvidos fornos de aquecimento doméstico que utilizam grãos de milho como combustível. Estes fornos têm uma tremonha grande que alimenta o fogo com grãos de milho de tamanho uniforme (ou pellets de madeira ou caroços de cereja).

METODOLOGIA

Quadro teórico

Num estudo realizado na Etiópia, tentou-se obter informações sobre o potencial de crédito perguntando aos agricultores se podiam pedir dinheiro emprestado. Esta parece ser uma boa abordagem. No entanto, mesmo neste caso, a disponibilidade de crédito pode depender da sua utilização proposta. Por exemplo, os agricultores podem pedir um empréstimo para fertilizantes, mas não para compras de consumo. As medidas de riqueza são frequentemente utilizadas no lado direito dos modelos de adoção. Espera-se que a riqueza afecte as decisões de adoção por uma série de razões, incluindo o facto de os agricultores mais ricos terem maior acesso a recursos e serem mais capazes de assumir riscos. O desafio aqui é encontrar medidas de riqueza que não contenham também informação substancial sobre outros factores relacionados com a adoção. Por exemplo, a dimensão das propriedades é frequentemente utilizada para medir a riqueza dos agricultores, mas esta medida também recolhe informações sobre a existência de economias de escala na produção utilizando tecnologias melhoradas. Este facto é demonstrado graficamente na figura seguinte:

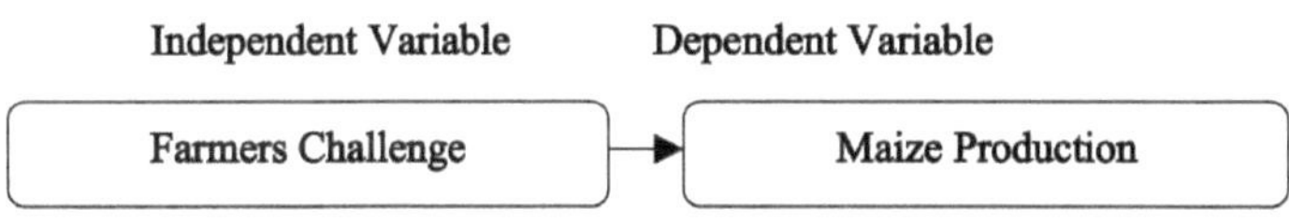

Figure A: Mostra a relação teórica das variáveis

Quadro concetual

O desafio dos agricultores representa a variável independente do estudo e será definido em termos do preço dos fertilizantes e da dimensão da terra. A variável dependente também é representada pela produção de milho e será definida em termos de produção e de terra coberta por milho. A figura

31

seguinte apresenta o gráfico:

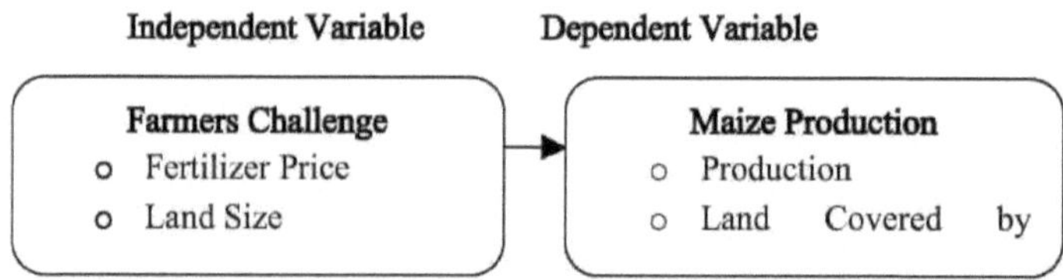

Figure B: Mostra a relação concetual das variáveis

Operacionalização

Desafio dos agricultores

O desafio dos agricultores é definido em termos do preço dos fertilizantes e do tamanho da terra. Isto será operacionalizado em termos de preço do fertilizante e tamanho da terra:

Preço dos fertilizantes

Este é definido em termos do preço do fertilizante por quintal (100 kg) e é considerado como uma média para o DAP e a UREA. A medição será efectuada da seguinte forma:

Escala	Preço dos fertilizantes	Descrição
1	Inferior a 800 Birr	Preço muito económico
2	800-900 Birr	Preço barato
3	901-1000 Birr	Preço moderado
4	1001-1100 Birr	Preço caro
5	1101 e mais birr	Preço muito caro

Tabela 1: Operacionalização do preço do fertilizante

Tamanho do terreno

Esta é definida como a dimensão da terra de que os agricultores dispõem e será medida em termos de hectares da seguinte forma:

Escala	Tamanho do terreno	Descrição
1	Inferior a 0,25 hectare	Terreno muito pequeno
2	.25-.5 ha	Pequena dimensão do terreno
3	.51-.75ha	Tamanho moderado do terreno

| 4 | .76-1 ha | Grande dimensão do terreno |
| 5 | 1,1 e mais hectare | Terreno muito grande |

Tabela 2: Operacionalização da dimensão da terra

Produção de milho

A produção de milho é representada pela variável dependente do estudo e será definida em termos de produção e de terra coberta por milho:

Produção

Esta é definida como a quantidade de produção que os agricultores produziram a partir do rendimento do milho e é medida em termos de quintais.

Escala	Nível de produção	Descrição
1	Inferior a 10 quintais	Produção muito baixa
2	10-20 quintais	Baixa produção
3	21-30 quintais	Produção moderada
4	31-40 quintais	Produção elevada
5	41 e mais quintais	Produção muito elevada

Tabela 3: Operacionalização da produção

Terra coberta por milho

Define-se como a terra total ocupada pelos agricultores e que estes utilizam para a produção de milho. Será medido da seguinte forma:

Escala	Terras cobertas por milho	Descrição
1	Inferior a 0,15 hectare	Terreno muito pequeno
2	.15-.3 hectare	Pequena dimensão do terreno
3	.31-.45 hectare	Tamanho moderado do terreno
4	.45-.60 hectare	Grande dimensão do terreno
5	.60 e mais hectare	Terreno muito grande

Quadro 4: Operacionalização das terras cobertas por milho

Local do estudo

O kebele de Kembershemo situa-se a 237 km de Adis Abeba. Tem 450 agregados familiares, com

2550 habitantes, dos quais 1300 são mulheres e 1250 são homens. Geograficamente, a kebele é delimitada a norte pela kebele de kilto, a sul pela kebele de emejar, a leste pela kebele de tach adazer e a oeste pela kebele de derawut. O trigo, o milho e a batata são alguns dos produtos produzidos na kebele. Os Silte são o grupo étnico que domina o kebele. Caracteriza-se por uma altitude de 2000 m acima do nível do mar, condições climáticas de woyne dega, solo vermelho e argiloso e uma precipitação anual de 900 mm.

Conceção da investigação

Esta investigação foi efectuada com recurso a modelos estatísticos de correlação. Por conseguinte, a investigação utilizou procedimentos apropriados dos métodos de investigação correspondentes na conceção do estudo.

Método de recolha de dados

Instrumentação

Os dados primários servirão de referência para analisar este estudo. O questionário será o melhor instrumento para recolher os dados primários da área de estudo.

Método de amostragem

O método de amostragem propositada será implementado no processo deste estudo. Isto será feito através da identificação primária de grupos da comunidade, o que ocorre tomando aleatoriamente um determinado tamanho de amostra de alguns locais na área alvo. O estudo utilizou uma amostra de inquérito de 75 inquiridos de 750 agregados familiares.

Método de análise dos dados

3.   Os objectivos um e dois serão analisados utilizando estatísticas descritivas, tais como percentagens, média e desvio-padrão.

4.   O terceiro objetivo será analisado através de estatísticas correlacionais.

Literatura citada

Anton Irianto. (2008). A economia rural do milho em Grobogan Kabupaten, Java Central. Projeto Milho da Universidade de Stanford/BULOG. Documento de trabalho n.º 2, maio. Balanço Alimentar Nacional. 1982.

Bangun, Pirman. (1999). Pengendalian gulma pada tanaman jagung. in Risalah rapat teknis hasil penelitian jagung, sorgum dan terigu 1980-1984. Pusat Penelitian dan Pengembangan Tanaman Pangan.

Instituto Central de Estatística. (2007) Statistical yearbook of Indonesia (Anuário estatístico da

Indonésia). Jakarta.

Dalrymple, D.G. (2003). Technological change in agriculture. Effects and implications for the developing nations. USDA, AID, Washington D.C.

Dorosh, Paul. (2001). Sistemas de milho em Kediri, Java Oriental. Universidade de Stanford/BULOG Projeto Milho. Documento de trabalho n.º 4, junho.

Gautam, Gustafson, (2011). Concentração de fósforo, absorção e rendimento de matéria seca de híbridos de milho. Revista Mundial de Ciências Agrícolas 7(4): 418-424

Kantor Statistik Kabupaten Banjarnegara. (2002). O município de Banjarnegara em relação à sua área de atuação

Oldeman,. Suardi. (2009) Determinantes climáticos em relação aos padrões de cultivo. In IRRI proceedings symposium on cropping systems research and development for the Asian farmer.

Ordish, George; Hyams, Edward (2008). O último dos Incas: a ascensão e queda de um império americano. New York: Barnes & Noble. p. 26. ISBN 0-88029-595-3.

Wilkes, Garrison (2004). "Capítulo 1.1 Milho, estranho e maravilhoso: mas será que se conhece uma origem definitiva?". Em Smith, C. Wayne; Runge; Betrân, Javier. O milho: Origin, History, Technology, and Production. Wiley. pp. 3-63. ISBN 978-0-471-41184-0.

APÊNDICE

QUESTIONÁRIOS

1.	Indicar, por favor, assinalando o preço do adubo por quintal

Inferior a 800 Birr

800-900 Birr

901-1000 Birr

1001-1100 Birr

1101 e mais birr

2.	Queira indicar, assinalando, a dimensão do terreno que possui

Inferior a 0,25 hectare

.25-.5 ha

.51-.75ha

.76-1 ha

2.1 e acima de hectare

3.   Por favor, assinale com um X a quantidade de milho que produz por ano

Inferior a 10 quintais

10-20 quintais

21-30 quintais

31-40 quintais

41 e mais quintais

4.   Por favor, assinale com um X a dimensão da sua terra coberta por milho.

Inferior a 0,15 hectare

.15-.3 hectare

.31-.45 hectare

.45-.60 hectare

.60 e mais hectare

SENSIBILIZAÇÃO DOS AGRICULTORES PARA A ADOPÇÃO DE SEMENTES SELECCIONADAS

INTRODUÇÃO

Antecedentes do estudo

As sementes são o fator de produção básico na agricultura e o catalisador mais importante para que os outros factores de produção sejam rentáveis. É muito importante não só para aumentar o rendimento, mas também para obter rendimentos monetários elevados. As sementes de qualidade podem, por si só, aumentar a produção em 25%, se combinadas com outros factores de produção, aumentam significativamente os níveis de rendimento. Na Índia, com a introdução de variedades híbridas e de elevado rendimento em 1966-67, registaram-se progressos rápidos na produção de cereais e de outras culturas agrícolas. A comunicação tem desempenhado um papel importante no desenvolvimento da sociedade. O papel da comunicação no desenvolvimento não consiste apenas em informar e sensibilizar as pessoas, mas também em pôr em prática as novas ideias que provocam mudanças. Foi realizado um estudo para avaliar o conhecimento e o nível de adoção dos agricultores relativamente a sementes de qualidade de culturas selecionadas (Raven, 1998).

O desenvolvimento de um método alternativo de produção de sementes, utilizando minisett em vez do método tradicional de ordenha, foi considerado capaz de fornecer sementes suficientes, uma vez que os tubos são utilizados apenas para consumo. Isto é, as novas tecnologias têm de ser pensadas para os agricultores, se se quiser melhorar o seu nível de vida. O inhame é uma importante cultura de raízes e tubérculos, especialmente na África Ocidental, onde contribui com mais de 2000 calorias alimentares por dia para mais de 60 milhões de pessoas5 . Os tubérculos de inhame são transformados em várias formas alimentares, que incluem inhame esmagado, inhame cozido, inhame assado ou grelhado, inhame frito, bolas de inhame, puré de inhame, lascas e flocos de inhame. Os tubérculos de inhame fresco são também descascados, lascados, secos e moídos em farinha. Em termos socioculturais, o inhame é um alimento de eleição em muitas cerimónias e festivais e uma parte indispensável do preço da noiva. No Leste da Nigéria, o inhame contribui com 32% do rendimento bruto dos agricultores proveniente das culturas. O inhame é geralmente cultivado com tubérculos inteiros, chamados inhame-semente, e inhames que pesam entre 100 g e 150 g. O inhame-semente constitui, por si só, mais de 40% das despesas de capital na produção de inhame. Por vezes, podem ser cortados pedaços de tubérculos inteiros, denominados "sett", que pesam cerca de 100 g, e utilizados como material de plantação. Assim, para estabelecer 1ha de inhame, os agricultores precisam de 3 toneladas de sementes de inhame, que podem ser escassas e caras (Igor 2007).

Declaração do problema

Apesar da importância do inhame como principal alimento de base, que constitui 20% da ingestão calórica diária da população etíope e do seu valor sociocultural na vida das pessoas, os materiais de plantação são o principal obstáculo à produção de inhame. São difíceis de obter, caros e frequentemente de baixa qualidade. A técnica de multiplicação rápida de sementes de inhame foi desenvolvida pelo National Root Crops Research Institute Umudike para melhorar o fornecimento inadequado e a escassez de sementes de inhame de alta qualidade e isentas de doenças (Raven, 1998). Isto conduzirá às seguintes questões de investigação:

1.　O que é a consciência dos agricultores em termos de conhecimento e consciência?

2.　O que é a adoção de sementes selecionadas em termos de canal de adoção e função de adoção?

3.　Existe uma relação entre a sensibilização dos agricultores e a adoção de sementes selecionadas em Gurbaye kebele?

Objetivo do estudo

O objetivo geral do estudo é analisar a relação entre a sensibilização dos agricultores e a adoção de sementes selecionadas em Gurbaye kebele. Os objectivos específicos serão os seguintes

1.　Identificar a consciencialização dos agricultores em termos de conhecimento e sensibilização.

2.　Avaliar o nível de adoção de sementes selecionadas em termos de canal de adoção e função de adoção.

3.　Analisar a relação entre a sensibilização dos agricultores e a adoção de sementes selecionadas em Gurbaye kebele.

Hipótese do estudo

Não existe qualquer relação entre o conhecimento dos agricultores e a adoção de sementes selecionadas em Gurbaye kebele.

Importância do estudo

O resultado do estudo tem um papel significativo no sentido de informar os agentes de desenvolvimento e o gabinete agrícola woreda sobre o canal e a forma como a adoção deve ser feita para a adoção de sementes selecionadas.

Limitações do estudo

O financiamento e o material de referência serão os principais desafios que o investigador terá de enfrentar para levar o estudo até ao fim. Por conseguinte, o investigador ultrapassará os problemas lidando com eles em conformidade.

Delimitação do estudo

O estudo limita-se a analisar a relação entre a sensibilização dos agricultores e a adoção de sementes selecionadas em Gurbaye kebele.

REVISÃO DA LITERATURA RELACIONADA

Sensibilização dos agricultores

Conhecimento

O Centro de Conhecimento Agrícola fornece informações e conselhos sobre agricultura aos agricultores, pecuaristas e à indústria agrícola sobre tópicos que vão desde a produção agrícola e pecuária até à nova investigação e tecnologia, programas e serviços governamentais e .

gestão empresarial. Uma linha gratuita coloca-o em contacto com agentes de recursos e especialistas que conhecem bem a indústria agrícola e que estão ligados a especialistas regionais e provinciais de todo o Ministério da Agricultura. O Centro de Conhecimento Agrícola está empenhado em fornecer informação técnica especializada e um serviço de excelência ao cliente, prestado por pessoal simpático e experiente (Shannon 2002).

A maioria dos cientistas agrícolas tem formação na produção e proteção de culturas que requerem fertilizantes e pesticidas sintéticos. Os cientistas avaliaram, em grande medida, os componentes utilizados pelos praticantes da agricultura biológica (AB) de forma isolada, por exemplo, a avaliação do composto para substituir os fertilizantes. O sistema de agricultura biológica que integra árvores, culturas anuais e animais numa perspetiva de sistema agrícola, utilizando recursos biológicos disponíveis localmente, não foi estudado na sua totalidade. Este capítulo argumenta, portanto, que a menos que seja estudado na totalidade, o seu potencial não pode ser negado pelas instituições de investigação. O documento discute alguns mitos comuns que tornam os cientistas agrícolas avessos (Thomas 1999)

Em termos gerais, defende o desenvolvimento de agro-tecnologias de baixo custo, que utilizem/reciclem os recursos naturais disponíveis localmente (terra, água, biomassa vegetal, etc.), a fim de capacitar os pequenos agricultores em vez de aumentar a sua dependência de insumos externos adquiridos. O autor admite que haverá situações em que serão necessárias micro quantidades de alguns elementos como nutrientes para as culturas. Uma vez que o sistema convencional, mesmo quando se trabalha numa perspetiva de sistema agrícola, quase sempre envolveu agroquímicos, há poucas situações comparativas para desafiar/apoiar este argumento do autor. Por conseguinte, o autor utilizou livremente a experiência dos praticantes da FO para compreender e reunir dados/informação em apoio da sua opinião. Foram partilhados exemplos que indicam que, para sustentar a produção agrícola e a produtividade por unidade de área, precisamos de construir sobre as bases do conhecimento tradicional articulando a ciência moderna. No entanto, o autor não é um apoiante da OF que requer certificação por agências acreditadas internacionalmente (Jone, 2005).

Consciencialização

A consciência é o estado ou a capacidade de perceber, sentir ou estar <u>consciente</u> de acontecimentos, <u>objectos</u> ou <u>padrões</u> sensoriais. Neste nível de consciência, os dados dos sentidos podem ser confirmados por um observador sem que isso implique necessariamente <u>uma compreensão</u>. Em termos mais gerais, é o estado ou a qualidade de estar consciente de algo. Na <u>psicologia biológica</u>, a consciência é definida como a <u>perceção</u> e a reação <u>cognitiva</u> de um ser humano ou de um animal a uma condição ou acontecimento (Galili 2005).

A consciência é um <u>conceito</u> relativo. Um <u>animal</u> pode estar parcialmente consciente, <u>subconscientemente</u> consciente ou agudamente consciente de um acontecimento. A consciência pode estar centrada num estado interno, como uma sensação visceral, ou em acontecimentos externos através da perceção sensorial. A consciência fornece a matéria-prima a partir da qual os animais desenvolvem <u>qualia</u>, ou <u>ideias subjectivas</u> sobre a sua <u>experiência</u>. Também utilizada para distinguir a perceção sensorial é a palavra "awarement". "Awarement" é a forma estabelecida de consciência. Uma vez atingido o seu sentido de consciência, a pessoa chega a um acordo com a awarement (Cronquist, 2002).

A consciência básica do mundo interno e externo de uma pessoa depende do <u>tronco cerebral</u>. Bjorn Merker, um neurocientista independente de Segeltorp, na Suécia, defende que o tronco cerebral suporta uma forma elementar de pensamento consciente em bebés com <u>hidranencefalia</u>. As formas "superiores" de consciência, incluindo <u>a auto-consciência</u>, requerem contribuições corticais, mas a "consciência primária" ou "consciência básica", enquanto capacidade de integrar as sensações do ambiente com os objectivos e sentimentos imediatos, de modo a orientar o comportamento, tem origem no tronco cerebral, que os seres humanos partilham com a maioria dos <u>vertebrados</u>. O psicólogo <u>Carroll Izard</u> sublinha que esta forma de <u>consciência</u> primária consiste na capacidade de gerar emoções e na consciência do que nos rodeia, mas não na capacidade de falar sobre o que experimentámos. Da mesma forma, as pessoas podem tomar consciência de um sentimento que não conseguem rotular ou descrever, um fenómeno que é especialmente comum em bebés pré-verbais. Devido a esta descoberta, as definições médicas de <u>morte cerebral</u> como ausência de atividade <u>cortical</u> enfrentam um sério desafio (Stern, 2000).

A consciencialização é também um conceito utilizado no trabalho cooperativo apoiado por computador (Computer Supported Cooperative Work, <u>CSCW</u>). A sua definição ainda não é consensual na comunidade científica nesta expressão geral. No entanto, <u>a consciência do contexto</u> e <u>a consciência da localização</u> são conceitos de grande importância, especialmente para as aplicações

AAA (autenticação, autorização, contabilidade). O termo composto de consciência da localização está ainda a ganhar força com o crescimento da computação ubíqua. Definido pela primeira vez com postos de trabalho em rede (consciência da localização em rede), foi alargado aos telemóveis e a outras entidades móveis comunicáveis. O termo abrange um interesse comum no paradeiro de entidades remotas, especialmente indivíduos e a sua coesão em funcionamento. O termo composto de consciência do contexto é um superconjunto que inclui o conceito de consciência da localização. Alarga a consciência às caraterísticas do contexto do alvo operacional, bem como ao contexto ou (?) e ao contexto da área operacional (Jone, 2005).

Nível de adoção de sementes selecionadas

Uma semente é uma pequena planta embrionária envolta num invólucro chamado revestimento da semente, geralmente com algum alimento armazenado. É o produto do óvulo amadurecido das plantas gimnospérmicas e angiospérmicas que ocorre após a fertilização e algum crescimento dentro da planta-mãe. A formação da semente completa o processo de reprodução nas plantas com sementes (iniciado com o desenvolvimento das flores e a polinização), com o embrião desenvolvido a partir do zigoto e o revestimento da semente a partir dos integumentos do óvulo (Cain, 2001).

As sementes têm sido um desenvolvimento importante na reprodução e propagação das plantas com flor, em relação a plantas mais primitivas como musgos, fetos e hepáticas, que não têm sementes e utilizam outros meios para se propagarem. Este facto pode ser comprovado pelo sucesso das plantas com sementes (gimnospérmicas e angiospérmicas) no domínio dos nichos biológicos terrestres, desde as florestas aos prados, tanto em climas quentes como frios (Smith, 2006).

Canal de adoção

A semente, que é um embrião com dois pontos de crescimento (um dos quais forma os caules e o outro as raízes), é envolvida por um invólucro com algumas reservas alimentares. As sementes de angiospermas são constituídas por três elementos geneticamente distintos: (1) o embrião formado a partir do zigoto, (2) o endosperma, que é normalmente triploide, (3) o revestimento da semente a partir de tecido derivado do tecido materno do óvulo. Nas angiospermas, o processo de desenvolvimento da semente começa com a dupla fertilização e envolve a fusão dos núcleos do óvulo e do espermatozoide num zigoto. A segunda parte deste processo é a fusão dos núcleos polares com um segundo núcleo de espermatozoide, formando assim um endosperma primário. Logo após a fertilização, o zigoto está praticamente inativo, mas o endosperma primário divide-se rapidamente para formar o tecido endosperma. Este tecido torna-se o alimento que a planta jovem irá consumir até que as raízes se desenvolvam após a germinação ou se desenvolva num revestimento duro de semente. O revestimento da semente forma-se a partir dos dois tegumentos ou camadas exteriores de células do óvulo, que derivam de tecido da planta-mãe; o tegumento interior forma o tegmen e o exterior forma a testa. Quando o revestimento da semente se forma a partir de apenas uma camada, também é chamado de testa, embora nem todas as testas sejam homólogas de uma espécie para outra (Stern, 2000).

Nas gimnospérmicas, os dois espermatozóides transferidos do pólen não desenvolvem sementes por dupla fertilização, mas um núcleo de espermatozoide une-se ao núcleo do óvulo e o outro espermatozoide não [2]

utilizado. Por vezes, cada espermatozoide fertiliza um óvulo e um zigoto é então abortado ou absorvido[3]

durante o desenvolvimento inicial. A semente é composta pelo embrião (resultado da fertilização) e por tecidos da planta-mãe, que também formam um cone à volta da semente em plantas coníferas como o pinheiro e o abeto (Smith, 2006).

Os óvulos, após a fertilização, desenvolvem-se em sementes; as partes principais do óvulo são o funículo; que liga o óvulo à placenta, o nucelo; a região principal do óvulo onde se desenvolve o saco embrionário, a micrópila; um pequeno poro ou abertura no óvulo onde o tubo polínico entra normalmente durante o processo de fertilização, e a calaza; a base do óvulo oposta à micrópila, onde o tegumento e o nucelo estão unidos (Filonova, 2000).

A forma dos óvulos durante o seu desenvolvimento afecta frequentemente a forma final das sementes. As plantas produzem geralmente óvulos de quatro formas: a forma mais comum é chamada anátropo, com uma forma curva. Os óvulos ortotrópicos são rectos, com todas as partes do óvulo alinhadas numa longa fila, produzindo uma semente não curvada. Os óvulos camilotrópicos têm um saco embrionário curvo, dando frequentemente à semente uma forma de "c" apertado. A última forma de óvulo é chamada anfitrópica, em que o óvulo está parcialmente invertido e virado 90 graus para trás no seu pedúnculo ou funículo (Shannon 2002).

Na maioria das plantas com flores, a primeira divisão do zigoto é orientada transversalmente em relação ao eixo longo, e isso estabelece a polaridade do embrião. O pólo superior ou chalazal torna-se a principal área de crescimento do embrião, enquanto o pólo inferior ou micropilar produz o suspensor em forma de talo que se liga à micrópila. O suspensor absorve e fabrica nutrientes do endosperma que são utilizados durante o crescimento do embrião (Filonova, 2000).

O embrião é composto por diferentes partes; o epicótilo vai dar origem ao rebento, a radícula vai dar origem à raiz primária, o hipocótilo liga o epicótilo e a radícula, os cotilédones formam as folhas da semente, a testa ou revestimento da semente forma a cobertura exterior da semente. As plantas monocotiledóneas, como o milho, têm outras estruturas; em vez do hipocótilo-epicótilo, têm um coleóptilo que forma a primeira folha e que se liga ao coleorriza que se liga à raiz primária e às raízes adventícias que se formam dos lados. As sementes de milho são construídas com estas estruturas: pericarpo, escutelo (cotilédone único e grande) que absorve os nutrientes do endosperma, endosperma, plúmula, radícula, coleóptilo e coleorriza - estas duas últimas estruturas são semelhantes a uma bainha e envolvem a plúmula e a radícula, actuando como uma cobertura protetora. A testa ou o invólucro das sementes, tanto das monocotiledóneas como das dicotiledóneas, são frequentemente marcados com padrões e marcas texturadas, ou têm asas ou tufos de pêlos (Smith, 2006).

Função da adoção

As sementes desempenham várias funções para as plantas que as produzem. Entre estas funções, destacam-se a nutrição do embrião, a dispersão para um novo local e a dormência durante condições desfavoráveis. As sementes são fundamentalmente um meio de reprodução e a maioria das sementes são o produto da reprodução sexual que produz uma mistura de material genético e variabilidade fenotípica sobre a qual actua a seleção natural (Filonova, 2000).

As sementes são produzidas em vários grupos de plantas relacionadas, e o seu modo de produção distingue as angiospérmicas ("sementes fechadas") das gimnospérmicas ("sementes nuas"). As sementes das angiospermas são produzidas numa estrutura dura ou carnuda chamada fruto que envolve as sementes, daí o nome. (Alguns frutos têm camadas de material duro e carnudo). Nas gimnospérmicas, não se desenvolve nenhuma estrutura especial para envolver as sementes, que começam o seu desenvolvimento "nuas" nas brácteas dos cones. No entanto, as sementes ficam cobertas pelas escamas do cone à medida que se desenvolvem em algumas espécies de coníferas (Stern, 2000).

Resumo da revisão da literatura relacionada

A produção de sementes em populações naturais de plantas varia muito de ano para ano em resposta a variáveis meteorológicas, insectos e doenças, e ciclos internos das próprias plantas. Durante um período de 20 anos, por exemplo, as florestas compostas por pinheiro-bravo e pinheiro-manso produziram de 0 a quase 5 milhões de sementes de pinheiro-bravo por hectare[1]. Durante este período, houve seis colheitas de sementes excelentes, cinco colheitas de sementes fracas e nove colheitas de sementes boas, quando avaliadas em termos de produção de plântulas adequadas para a reprodução natural da floresta.

METODOLOGIA

Quadro teórico

Em geral, defende o desenvolvimento de agro-tecnologias de baixo custo, que utilizem/reciclem os recursos naturais disponíveis localmente (terra, água, biomassa vegetal, etc.), a fim de capacitar os pequenos agricultores em vez de aumentar a sua dependência de insumos externos adquiridos. O autor admite que haverá situações em que serão necessárias micro quantidades de alguns elementos como nutrientes para as culturas. Como o sistema convencional, mesmo quando se trabalha numa perspetiva de sistema agrícola, quase sempre envolveu agroquímicos, há poucas situações comparativas para desafiar/sustentar este argumento do autor. Este facto é demonstrado graficamente na figura seguinte:

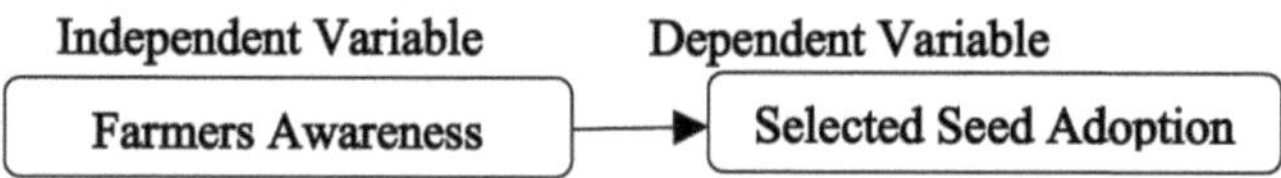

Figura A: Mostra a relação teórica das variáveis

Quadro concetual

A sensibilização dos agricultores é representada pela variável independente do estudo e é definida em termos de conhecimento e sensibilização. A variável dependente também é representada pela adoção de sementes selecionadas e definida em termos de canal de adoção e função de adoção. O gráfico é apresentado da seguinte forma:

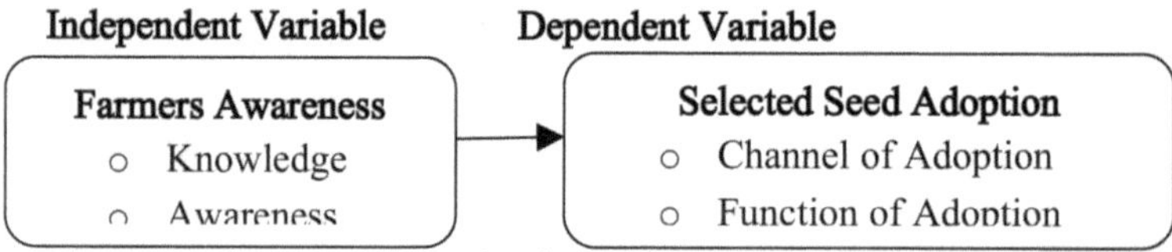

Figura B: Mostra a relação concetual das variáveis

Operacionalização

Sensibilização dos agricultores

Esta é a variável independente do estudo e é definida em termos de conhecimentos e sensibilização dos agricultores e operacionalizada da seguinte forma

Conhecimento

Define-se como o conhecimento que os agricultores têm do seu estado de produtividade e mede-se da seguinte forma

Escala	Conhecimento	SDA	DA	MA	A	SA
1	Sei a razão pela qual não sou produtivo					
2	Sei que a semente que estou a utilizar tem um problema					

3	Sei que a utilização de sementes selecionadas me tornará produtivo					
4	Sei que preciso de alguém que me ajude					
5	Sei que a melhoria verificada na produção se deve a sementes selecionadas					

Tabela 1: Operacionalização do conhecimento

Sensibilização

Esta é definida em termos da razão pela qual a sensibilização é necessária e será medida da seguinte forma:

Escala	Sensibilização	SDA	DA	MA	A	SA
1	É necessária uma sensibilização para mudar a perceção dos agricultores					
2	É necessária uma sensibilização para alterar o nível de produção dos agricultores					
3	É necessária uma consciencialização para aumentar a produtividade da área					
4	É necessária uma sensibilização para reduzir os problemas relacionados com a produção					
5	É necessária uma sensibilização para motivar os agricultores					

Tabela 2: Operacionalização da consciencialização

Adoção de sementes selecionadas

Esta é definida em termos de canal de adoção e função de adoção e operacionalizada da seguinte forma

Canal de adoção

Define-se como os canais utilizados para sensibilizar para o novo conceito de semente selecionado.

Este objetivo será medido da seguinte forma:

Escala	Canal de adoção	VIC	IC	MEC	CE	VEC
1	Através de agricultores-modelo					

2	Através de agricultores instruídos					
3	Através de um seminário para todos					
4	Através da demonstração da questão					
5	Visitando as terras de outros agricultores					

Tabela 3: Operacionalização do canal de adoção

VIC= Canal muito ineficazIC=   Canal ineficaz

MEC= Canal moderadamente eficaz EC= Canal eficaz

VEC= Canal muito eficaz

Função da adoção

Define-se como a utilização da adoção e o seu resultado após a implementação da adoção. Será medido da seguinte forma:

Escala	Função da adoção	VIF	IF	MEF	EF	VEF
1	Mudar a perceção dos agricultores					
2	Alterar o nível de produção dos agricultores					
3	Aumentar a produtividade da área					
4	Reduzir os problemas relacionados com a produção					
5	Para atrair os agricultores					

Quadro 4: Operacionalização da função de adoção

VIF= Função Muito **IneficazIF**= Função Ineficaz

MEF= Função Moderadamente Eficaz **EF**= Função Eficaz

VEF= Função muito eficaz

Local do estudo

O kebele de Gurbaye situa-se a 220 km de Adis Abeba, na parte sul da Etiópia. Existem 320 agregados familiares nesta kebele, o que corresponde a 1600 habitantes, dos quais 750 são mulheres e 850 são homens. A kebele é delimitada a norte pela kebele de dameke, a sul pela kebele de getem ziko, a oeste pela kebele de gurbaye enjamo e a leste pela kebele de getem. As principais culturas produzidas neste kebele são o trigo, o milho e o sorgo. O grupo étnico Silte domina a kebele. A temperatura da kebele é caracterizada pela cola.

Conceção da investigação

A investigação utilizará o método de inquérito com procedimentos co-relacionais. Será relativamente fácil combinar e analisar os resultados.

Método de recolha de dados

Instrumentação

A informação para o estudo será obtida através de questionários e de uma entrevista intencional. O questionário será preparado em inglês com base no objetivo do estudo e depois traduzido para amárico. O questionário é preparado relacionando-o com a operacionalização para obter dados reais.

Procedimento de amostragem

O investigador utilizou a amostragem aleatória estratificada das técnicas de amostragem probabilística. Para o efeito, identificou as pessoas da área da população-alvo e selecionou-as aleatoriamente na zona rural. O investigador determinou 50 tamanhos totais de amostra de uma população-alvo de 500, tendo sido selecionados 10% dos inquiridos.

Métodos de análise de dados

5.   Os objectivos um e dois serão analisados utilizando estatísticas descritivas como a percentagem, a média e o desvio-padrão.

6.   O terceiro objetivo será analisado através de estatísticas correlacionais utilizando o SPSS 17.0

LITERATURA CITADA

Cain, Shelton, (2001). Vinte anos de produção natural de sementes de pinheiro bravo e de pinheiro manso na floresta experimental de Crossett, no sudeste do Arkansas. Southern Journal of Applied Forestry. 25(1): 40-45.

Cronquist, Arthur (2002). An Integrated System of Classification of Flowering Plants. Nova Iorque: Columbia University Press. pp.

Filonova, Bozhkov (2000). "Via de desenvolvimento da embriogénese somática em Picea abies revelada por rastreio de lapso de tempo". J Exp Bot. **51** (343): 249-64.

doi:10.1093/jexbot/51.343.249. PMID 10938831.

Galili Kigel (2005). "Capítulo Um". Desenvolvimento e germinação de sementes. Nova Iorque: M. Dekker. ISBN 0-8247-9229-7.

Igor Kosinki (2007). "Variabilidade a longo prazo no tamanho das sementes e no estabelecimento de plântulas de Maianthemum bifolium". Ecologia Vegetal **194** (2):

Jone, Samuel (2005). Plant systematics. McGraw-Hill series in organismic biology. Etiópia: Addis Abeba, BandS press.

Raven, Peter (1998). Biologia das plantas. Nova Iorque, N.Y.: Worth Publishers. página 410.

Shannon Brockman (2002). "Avaliação de espécies de sebes quanto ao tamanho das sementes, estabelecimento do povoamento e altura das plântulas". Sistemas Agroflorestais

Smith, Welby (2006). Orchids of Minnesota (Orquídeas do Minnesota). Minneapolis: University of Minnesota Press. Página 8.

Stern, Kingsley (2000). Introductory Plant Biology (5ª ed.). Dubuque, IA: Wm. C. Brown Publishers. pp. 131. ISBN 0-697-09947-4.

Thomas Elliot (1999). Botânica: uma breve introdução à biologia vegetal. Nova Iorque: Wiley. pp. 319. ISBN 0-471-02114-8.

APÊNDICE

QUESTIONÁRIOS

1. Indique, por favor, assinalando o seu estatuto relativamente às seguintes afirmações sobre conhecimento, sensibilização, canal de adoção e função da adoção:

Escala	Conhecimento	SDA	DA	MA	A	S A
1	Sei a razão pela qual não sou produtivo					
2	Sei que a semente que estou a utilizar tem um problema					
3	Sei que a utilização de sementes selecionadas me tornará produtivo					
4	Sei que preciso de alguém que me ajude					
5	Sei que a melhoria verificada na produção se deve a sementes selecionadas					
6	É necessária uma sensibilização para mudar a perceção dos agricultores					
7	É necessária uma sensibilização para alterar o nível de produção dos agricultores					

8	É necessária uma consciencialização para aumentar a produtividade da área					
9	É necessária uma sensibilização para reduzir os problemas relacionados com a produção					
10	É necessária uma sensibilização para motivar os agricultores					
11	Através de agricultores-modelo					
12	Através de agricultores instruídos					
13	Através da realização de um seminário para todos					
14	Através da demonstração da questão					
15	Visitando as terras de outros agricultores					
16	Mudar a perceção dos agricultores					
17	Alterar o nível de produção dos agricultores					
18	Aumentar a produtividade da área					
19	Reduzir os problemas relacionados com a produção					
20	Para atrair os agricultores					

PLANEAMENTO DOS FACTORES DE PRODUÇÃO E DA PRODUTIVIDADE AGRÍCOLA

INTRODUÇÃO

Antecedentes do estudo

O documento de orientação para o 11º plano quinquenal, revelado pela Comissão de Planeamento, apresenta uma visão para o crescimento acelerado da economia, incluindo a agricultura e a economia rural. O documento procura aproveitar a oportunidade para reestruturar as políticas com vista a alcançar um crescimento acelerado, de base ampla e inclusivo, com o objetivo de reduzir mais rapidamente a pobreza e ajudar a colmatar as disparidades nas condições económicas entre os diferentes segmentos da população. A essência da estratégia para concretizar a visão declarada é o crescimento rápido, visando um aumento anual de 9 % da economia global durante o 11.o período do plano (2007-08 a 2011-12). Este objetivo de crescimento é considerado atingível e viável no contexto de um crescimento anual acelerado de 7% alcançado durante o 10.º plano (2002-03 a 2006-07), que, por sua vez, foi aumentado em relação ao crescimento anual de 5,5% alcançado durante o 9. Dado o crescimento moderado da população de 1,5% por ano, o crescimento de 9% visado acabaria por resultar na duplicação do rendimento real per capita em 10 anos (Altieri, 1994 A taxa decrescente de investimento na agricultura foi também considerada um fator importante para o abrandamento do crescimento agrícola na última década. O Documento de Abordagem abordou esta dimensão crucial e, consequentemente, a ambição de crescimento foi apoiada por uma taxa de investimento de 35,1% do PIB, dos quais 10,2% do PIB deverão provir de canais públicos e 24,9% do PIB do sector privado. Assim, a taxa de investimento deverá registar um aumento substancial em relação aos 27,5% do PIB durante o 10º plano e aos 23,8% do PIB durante o 9º plano. As opções em matéria de investimentos públicos e privados devem ser articuladas com a situação do capital social e a sua depreciação, reconhecendo a maior concentração do capital social privado na agricultura, que representa cerca de 75% do capital social total. As projecções de investimento do 11º Plano promovem, por conseguinte, o investimento privado, bem como as parcerias público-privadas para a criação de infra-estruturas. Por conseguinte, seria necessária uma sinergia adequada entre o investimento público e o privado (Willy, 1983).

Declaração do problema

A contribuição do Produto Interno Bruto da Agricultura e do Setor Associado, de acordo com os conceitos das Contas Nacionais, é medida em termos de acréscimo de valor na produção agregada na fronteira de produção da Agricultura (agricultura, horticultura e plantações). No entanto, a contribuição económica de várias iniciativas pós-colheita, tais como a comercialização, o acréscimo de valor, a transformação, a embalagem e outras actividades conexas na periferia da agricultura, que tinham sido as áreas de impulso das reformas agrárias para um crescimento agrícola diversificado, não é captada como parte do PIB da agricultura e das actividades associadas. Estas actividades periféricas são particularmente importantes para um crescimento diversificado e de base ampla da economia rural (Savory, 1998).

Como indicado anteriormente, não existem dados fiáveis sobre o fornecimento de pesticidas no país, principalmente porque não existe uma organização única que recolha e divulgue informações sobre a comercialização de insumos no Uganda. Os únicos dados disponíveis sobre os insumos são as importações registadas pela URA. No entanto, o conjunto de dados da URA inclui apenas os produtos que entram formalmente no país e não é registado num formato que se preste facilmente a uma análise de mercado devido ao esquema de codificação utilizado pela URA. Consequentemente, é difícil para os grossistas e retalhistas desenvolverem um plano e uma estratégia de mercado que tire partido da escassez em diferentes mercados. Isto irá dar origem às seguintes questões de investigação:

1. O que são os factores de produção agrícola em termos de tipo e quantidade de factores de produção?

2. Qual é o nível de produtividade em termos de quantidade de produção e de tipo de produção?

3. Existe uma relação entre os factores de produção agrícola e o nível de produtividade no kebele de Ashale?

Objetivo do estudo

O objetivo geral do estudo é analisar a relação entre os factores de produção agrícola e o nível de produtividade no kebele de Ashale. Os objectivos específicos são os seguintes

1. Identificar os factores de produção agrícola em termos de tipo e quantidade de factores de produção.

2. Avaliar o nível de produtividade em termos de quantidade e tipo de produção.

3. Analisar a relação entre os factores de produção agrícola e o nível de produtividade no kebele de Ashale.

Hipótese do estudo

Não existe qualquer relação entre os factores de produção agrícola e o nível de produtividade no kebele de Ashale.

Importância do estudo

Este estudo tem um papel significativo no aumento da produtividade da agricultura através do planeamento dos factores de produção agrícola. Por conseguinte, este estudo irá apoiar os agricultores, uma vez que os ajudará a planear os factores de produção. Este estudo também servirá de referência para outros investigadores.

Limitações do estudo

Há muito poucos estudos ou documentos disponíveis sobre o planeamento dos factores de produção agrícola. Isto torna difícil tratar a questão em pormenor. Assim, no presente estudo, será feita uma breve descrição do planeamento dos factores de produção agrícola a partir de alguns documentos disponíveis e de entrevistas. O estudo também será limitado devido a problemas financeiros e de transporte.

Delimitação do estudo

Este estudo limita-se a analisar a relação entre os factores de produção agrícola e o nível de produtividade em Ashale kebele.

REVISÃO DA LITERATURA RELACIONADA

Factores de produção agrícola

Tipo de entrada

A principal preocupação revelada pela análise da agricultura na última década é a perda de ritmo de crescimento no sector da agricultura, que se desenvolveu durante a revolução verde e contribuiu para a segurança alimentar sustentada nas décadas de oitenta e noventa. Depois de liderar a economia com um crescimento impressionante de 5,7% por ano durante o 6º plano (1980-81 a 1984-85), a tendência de abrandamento do crescimento da agricultura instalou-se. [th]Durante o 9º e o 10º planos, o crescimento foi de uns modestos 2%. Em contrapartida, as reformas económicas iniciadas na década de noventa conduziram a um crescimento acelerado do sector não agrícola. Consequentemente, o fosso económico entre a agricultura e o sector não agrícola aumentou gradualmente e, em 2005-2006, a parte da agricultura no total da economia tinha caído para menos de 20%. O lento crescimento da agricultura começou na última década e continua desde então. Neste contexto, o crescimento previsto de 4% durante o 11º plano exigiria esforços especiais para inverter a atual tendência de desaceleração do crescimento. O desenvolvimento de variedades de sementes melhoradas e a sua disponibilização aos agricultores foram fundamentais para estimular o crescimento agrícola no passado. A dinâmica da tecnologia de desenvolvimento e atualização de sementes, que abrange as infra-estruturas e os conhecimentos científicos, deve ser mantida, reenergizada e reorientada de forma mais vigorosa para concretizar o potencial de crescimento agrícola (Dirnerger, 1995)

Montante de entrada

O sistema de gestão das sementes deve ser renovado, a fim de introduzir sementes mais avançadas, multiplicar as sementes e assegurar a sua disponibilidade fácil e segura para os agricultores, com o objetivo de aumentar a produção e a eficiência dos custos. Tendo em conta a presença de múltiplas agências no sector das sementes, a garantia de qualidade e a certificação devem ser reforçadas e racionalizadas. As empresas nacionais e estatais de sementes, as explorações de sementes e as universidades têm de produzir sementes em grande escala para colmatar as lacunas da procura e da oferta. Nos últimos anos, a estagnação da agricultura, nomeadamente da produção de cereais, colocou a questão da segurança alimentar macro e microeconómica na primeira linha da reflexão política. O sistema de gestão alimentar do país encontra-se vulnerável em mais do que um aspeto. As restrições de abastecimento desestabilizaram o fluxo de aquisição e distribuição de géneros alimentícios. No ambiente económico em evolução, as forças de mercado estão aparentemente a afetar o mecanismo estabelecido de intervenção no mercado público e de aquisição. O aumento sem precedentes dos preços do trigo na campanha de comercialização de 2006-07, embora tenha beneficiado a realização do preço pelos agricultores, afectou significativamente os consumidores (Altieri, 1994). No ambiente económico emergente da liberalização do comércio agrícola, há escolas de pensamento que defendem a desvinculação da questão da segurança alimentar da autossuficiência da produção alimentar. Este argumento baseia-se na premissa de que as sólidas reservas de divisas da Índia podem resolver o problema da oferta e da procura através de importações liberalizadas. As postulações da política alimentar de autossuficiência na produção, distribuição equitativa e estabilidade de preços são, portanto, colocadas num ambiente económico mais complexo, necessitando de atenção urgente dos decisores políticos e planeadores para reposicionar os aspectos da segurança alimentar sustentável, que mostrou sinais de vulnerabilidade no início do 11º Plano. No entanto, a consideração dos meios de subsistência de uma grande população dependente da agricultura, com opções profissionais limitadas a curto e médio prazo, não pode ser ignorada (Rincon, 1987)

Nível de produtividade

A rigidez demográfica do espaço rural e o consequente aumento da população absoluta dependente da agricultura estão a provocar a fragmentação das explorações operacionais e a acentuar a preponderância dos pequenos agricultores e dos agricultores marginais. Estes agricultores representam quase 80 por cento de todas as explorações operacionais. Em consequência da pressão demográfica incessante e da inexistência de opções profissionais alternativas, a dimensão média das explorações operacionais diminuiu constantemente para 1,34 hectares (recenseamento agrícola 2000-2001 - provisório). A superfície total cultivada por pequenos agricultores e agricultores marginais é considerável e está a aumentar gradualmente. Esta tendência perturbadora está a afetar a economia agrária em múltiplas dimensões: o rendimento das famílias rurais e a sua propensão para investir; está também a exercer pressão sobre os mecanismos de distribuição de factores de produção, de extensão, de crédito e de facilitação da comercialização, que já se encontram sob pressão, devido ao número crescente de interessados que lutam pela segurança dos seus meios de subsistência (Laster, 1972).

As projecções da procura apresentadas pelas três abordagens supramencionadas diferem significativamente devido aos diferentes conjuntos de pressupostos utilizados para a sua estimativa. Na abordagem do consumo das famílias e na abordagem comportamental, seria desejável acrescentar também a necessidade de 7,8 milhões de toneladas de exportações de cereais para fins alimentares. No caso dos cereais alimentares, as existências de segurança em 1 de julho de 2006 eram inferiores às normas de segurança em cerca de 7 milhões de toneladas, que teriam de ser repostas nos anos seguintes. Tendo em conta este requisito de segurança alimentar, um quarto da norma existente em matéria de existências de segurança (cerca de 2,3 milhões de toneladas) é acrescentado à procura para o ano terminal do 11º plano. No entanto, de acordo com a abordagem normativa, uma vez que a totalidade das necessidades será satisfeita, poderá não ser necessário manter existências de segurança, mas será necessário aumentar as exportações. Tendo em conta este facto, as necessidades de cereais para a alimentação nos três cenários, nomeadamente a abordagem familiar, a abordagem normativa e a abordagem comportamental ((1) e (2)), elevam-se a 217 milhões de toneladas, 244 milhões de toneladas e 244 milhões de toneladas, respetivamente. O subgrupo é de opinião que, para avaliar as necessidades, seria adequada a abordagem comportamental (2). Do mesmo modo, no caso das sementes oleaginosas e da cana-de-açúcar, seria adequado aceitar a avaliação baseada na abordagem comportamental (2). Assim, até 2011-12, as necessidades em sementes oleaginosas ascendem a 53 milhões de toneladas e as necessidades em cana-de-açúcar a cerca de 340 milhões de toneladas, tendo em conta uma exportação média de cerca de 5,5 lakh toneladas de açúcar por ano e 12 lakh toneladas (1/4 das necessidades trimestrais) para amortecimento. No entanto, se o atual nível de importações se mantiver no caso dos óleos alimentares,m seria necessária uma produção de cerca de 36 milhões de toneladas para satisfazer a procura até ao final do 11º Plano (Willy, 1983).

Montante da produção

A complexidade e as dimensões da agricultura exigem intervenções institucionais, apoio e prestação de serviços que não podem ser organizados de outra forma pelos numerosos pequenos empresários espalhados por todo o país. Uma vez que o assunto está na "Lista de Estados", o principal ónus da intervenção pública recai sobre os respectivos governos estaduais, mas o envolvimento ativo e o empenho do Governo da União no contexto nacional continuam a ser extremamente relevantes. No entanto, as iniciativas e intervenções governamentais para o desenvolvimento da agricultura estão inseridas numa matriz de níveis horizontais e verticais de descentralização entre os Ministérios/Departamentos do Governo da União e dos Estados. As despesas do plano dos três departamentos do Ministério da Agricultura da União para o exercício financeiro de 2006-2007, no valor de 6977 milhões de rupias, representaram 1,15% do PIB setorial. O total das despesas orçamentais agregadas do Estado para a agricultura é de 0,7% do PIB agrícola. A necessidade de aumentar o investimento, juntamente com outras medidas sugeridas no relatório, é evidente. O sistema de estatísticas agrícolas do país evoluiu ao longo do tempo para refletir as complexidades da economia agrária. No entanto, o sistema foi recentemente alvo de críticas em termos de fiabilidade, disponibilidade atempada, cobertura e incapacidade de satisfazer a procura emergente de estatísticas. A Comissão Nacional de Estatística tinha revisto o sistema em pormenor e o 10.º Plano previa a aplicação das suas recomendações. No entanto, um grande número dessas recomendações ainda não foi atendido. (Francis, 1993).

A atividade foi iniciada durante o Sétimo Plano Quinquenal como uma das componentes do regime denominado "Missão de Aplicação de Deteção Remota para. Agricultural Application" (RSAMAA). O regime foi inicialmente monitorizado pela Divisão de Culturas, mas, mais tarde, foi transferido para a Direção de Economia e Estatística. A partir de 2004-05, este programa foi fundido com o programa geral "Previsão e aplicação da teledeteção na agricultura". Esta atividade é integralmente financiada pelo Ministério da Agricultura e executada no âmbito do relatório global do grupo de trabalho sobre agricultura, factores de produção agrícola, projecções da procura e da oferta e estatísticas agrícolas para o décimo primeiro plano quinquenal (2007-2012), sob a orientação técnica do Departamento do Espaço, Ministério da Ciência e da Tecnologia, Governo da Índia, com a ajuda dos centros estaduais de aplicação da teledeteção (SRSAC), dos departamentos estaduais de agricultura (SDA), das direcções/gabinetes de economia e estatística (DES) e das universidades estaduais de agricultura (SAU).

O seu objetivo é estimar a área cultivada e o rendimento das culturas, com a aplicação da tecnologia RS, pelo menos um mês antes da colheita efectiva das culturas. Neste processo, permite o desenvolvimento e a atualização de metodologias em consonância com o estado da arte da tecnologia RS e das capacidades dos sensores para a avaliação do inventário das culturas em diferentes unidades geográficas. Uma vez que as estimativas antecipadas da superfície e da produção das culturas são necessárias para a tomada de decisões políticas sobre medidas de aquisição, armazenamento e fixação de preços, os dados obtidos por teledeteção têm um enorme potencial para monitorizar atempadamente a superfície e a produção das culturas a nível distrital/grupo de distritos/regional, devido à sua ampla cobertura sinóptica. A utilização de dados obtidos por teledeteção no pico da fase vegetativa das culturas permite fornecer estimativas da área cultivada antes da colheita no momento oportuno. No âmbito da atividade CAPE, foram preparadas estimativas de superfície e de produção baseadas na tecnologia de teledeteção para culturas específicas nos Estados/Distritos selecionados durante o ano de 2005-06. São concedidas subvenções de ajuda ao Centro de Aplicações Espaciais, Ahmedabad, para a operacionalização das actividades no âmbito do CAPE (Bowen, 1986).

Tipo de produção

A diminuição da taxa de investimento na agricultura foi também considerada um fator importante para o abrandamento do crescimento agrícola na última década. O documento de abordagem abordou esta dimensão crucial e, por conseguinte, a ambição de crescimento foi apoiada por uma taxa de investimento de 35,1% do PIB, dos quais 10,2% do PIB deverão provir de canais públicos e 24,9% do PIB do sector privado. Assim, a taxa de investimento deverá registar um aumento substancial em relação aos 27,5% do PIB durante o 10º plano e aos 23,8% do PIB durante o 9º plano. As opções em matéria de investimentos públicos e privados têm de ser articuladas com a situação do capital social e a sua depreciação, reconhecendo a maior concentração do capital social privado na agricultura, que representa cerca de 75% do capital social total. As projecções de investimento do 11º Plano promoveram, por conseguinte, o investimento privado, bem como as parcerias público-privadas para a criação de infra-estruturas. Por conseguinte, seria necessária uma sinergia adequada entre o investimento público e o privado (Martin, 1987).

O recenseamento agrícola é um regime patrocinado a nível central com assistência financeira a 100%. O recenseamento agrícola é realizado quinquenalmente no país para a recolha de dados sobre a estrutura das explorações agrícolas por diferentes classes de dimensão e grupos sociais. O recenseamento agrícola é a maior operação estatística a nível nacional realizada pelo Ministério da Agricultura, Governo da Índia.

No âmbito desta operação, são recolhidos dados primários e secundários sobre a estrutura da agricultura indiana, utilizando os mecanismos dos governos estaduais. O primeiro recenseamento agrícola do país foi efectuado no ano de referência de 1970-71. Até à data, foram realizados seis recenseamentos agrícolas com intervalos de cinco anos e o sétimo está em curso no país. O recenseamento é efectuado em três fases. Durante a Fase I, é elaborada uma lista de todas as explorações com dados sobre caraterísticas primárias como a superfície, o sexo e o grupo social do produtor e o seu código de localização, etc. Durante a Fase II, são recolhidos dados pormenorizados sobre a situação da irrigação, os dados relativos ao arrendamento, o padrão de cultivo, o número de colheitas, etc. A Fase III, popularmente conhecida como Input Survey, diz respeito à recolha de dados sobre o padrão de utilização de factores de produção em várias culturas, regiões e grupos de dimensão das explorações. O Governo da Índia assume todas as despesas relativas ao regime, sendo pagos subsídios aos Estados/UTs para cobrir as despesas relacionadas com os regimes (Savory, 1998).

Resumo da revisão da literatura relacionada

Deverá ser promovida uma melhoria substancial da capacidade dos agricultores para reterem os produtos através de instituições de nível micro com lojas e facilidades de refinanciamento para adiantamento de dinheiro contra os cereais depositados. Este é o tipo de empréstimos para o desenvolvimento e de actividades de apoio que a Divisão Bancária do ACB deveria considerar para a sua futura expansão. O ACB deveria abandonar os empréstimos a retalho e passar a dedicar-se mais à venda por grosso de crédito, operando através de instituições de microfinanciamento que têm contactos mais estreitos com os agricultores e, por conseguinte, são mais eficazes na execução dos reembolsos. O subsídio para promover a utilização de sementes melhoradas é um fator crítico na produção agrícola e, tendo em conta a necessidade de administrar o subsídio de forma equilibrada entre os sectores público e privado, deve ser criado um sistema de subsídio fácil de administrar. Tal como previsto anteriormente, a NSDCA administrará o subsídio. O sistema poderia ser o seguinte (i) fixar o preço de venda da semente com base no preço comercial esperado do grão - um prémio padrão sobre o preço comercial (ii) fixar também um preço normativo por kg para o custo mais o retorno a níveis de eficiência aceitáveis (iii) aqueles que vendem ao preço de venda prescrito ou abaixo deste poderiam ser compensados pela diferença entre os dois valores anteriores (iv) pagar esta diferença todos os meses sobre a produção certificada embalada (Amador, 1980).

METODOLOGIA

Quadro teórico

Em contrapartida, as reformas económicas iniciadas nos anos noventa conduziram a um crescimento acelerado do sector não agrícola. Consequentemente, o fosso económico entre a agricultura e o sector não agrícola aumentou gradualmente e, em 2005-2006, a parte da agricultura no total da economia tinha caído para menos de 20%. O lento crescimento da agricultura começou na última década e continua desde então. Neste contexto, o crescimento previsto de 4% durante o 11º plano exigiria esforços especiais para inverter a atual tendência de desaceleração do crescimento. O desenvolvimento de variedades de sementes melhoradas e a sua disponibilização aos agricultores foram fundamentais para estimular o crescimento agrícola no passado. Este facto é demonstrado graficamente da seguinte forma:

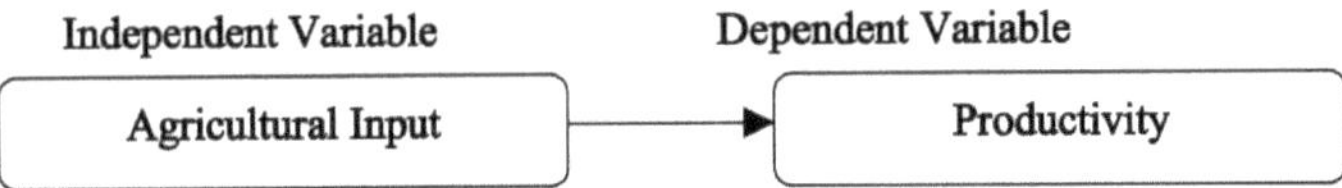

Figura A: Mostra o quadro teórico das variáveis

Quadro concetual

Os factores de produção agrícola são definidos em termos de tipo e quantidade de factores de produção e a variável dependente é definida em termos de quantidade e tipo de produção. O gráfico é apresentado da seguinte forma:

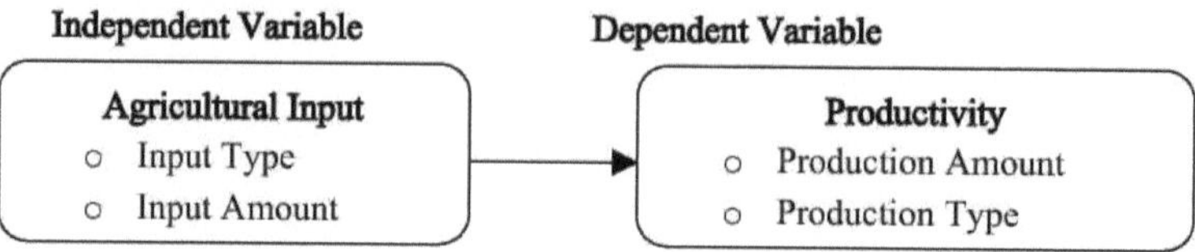

Figura A: Mostra o quadro teórico das variáveis

Operacionalização

Insumos agrícolas

Os factores de produção agrícola constituem a variável independente do estudo e serão definidos em termos de tipo e quantidade de factores de produção. Esta variável será operacionalizada da seguinte forma:

Tipo de entrada

Este é definido como o tipo que os agricultores aplicam na sua agricultura e será medido da seguinte forma:

Escala	Tipo de entrada	Descrição
1	Apenas sementes locais	Muito poucos tipos
2	Apenas sementes selecionadas	Poucos tipos
3	Apenas sementes selecionadas e estrume	Tipo moderado
4	Apenas sementes selecionadas, estrume e DAP	Tipo de abundância
5	Sementes selecionadas, estrume, Dap e ureia	Tipo muito abundante

Tabela 1: Operacionalização do tipo de entrada

Montante de entrada

Define-se como a quantidade de factores de produção que os agricultores acrescentam à terra durante a produtividade.

Este objetivo será medido da seguinte forma:

Escala	Montante de entrada	Descrição
1	Inferior a 50 kg por ha	Quantidade muito insuficiente
2	50-75 kg por hectare	Montante insuficiente
3	76-100 kg por ha	Quantidade moderada
4	100-125kg por ha	Quantidade suficiente
5	126-150 kg por hectare	Quantidade muito suficiente

Tabela 2: Operacionalização do montante de entrada

Produtividade

Esta é a variável dependente do estudo e é definida em termos de quantidade e tipo de produção da seguinte forma

Montante da produção

É definido como o montante total da produção que os agricultores produzem por ano. Será medido da seguinte forma:

Escala	Montante da produção	Descrição
1	Inferior a 20 quintais por ano	Produção muito baixa
2	20-40 quintal por ano	Baixa produção
3	41-60 quintal por ha	Produção moderada
4	61-80 quintal por hectare	Produção elevada
5	81 e mais quintal por ha	Produção muito elevada

Quadro 3: Operacionalização da produção

Tipo de produção

Este é definido como o tipo de produção que os agricultores produzem num tipo de produção e será definido da seguinte forma:

Escala	Tipo de produção	Descrição
1	Um tipo	Muito poucos tipos
2	Dois tipos	Poucos tipos
3	Três tipos	Tipo moderado

| 4 | Quatro tipos | Tipo de variedade |
| 5 | Cinco tipos | Tipo muito variado |

Quadro 3: Operacionalização da produção Tipo

Local do estudo

O kebele de Ashale situa-se na zona ocidental de Arsi Negelle woreda. Fica a 4 km da cidade de Arsi Negelle, a leste, e a 230 km de Adis Abeba. O kebele é composto por diferentes grupos étnicos que nele habitam, sendo maioritariamente ocupado pelo grupo étnico Oromo e o Amahara é o segundo grupo étnico mais importante entre os habitantes do kebele.

A kebele tem cerca de 3800 habitantes, dos quais 1800 são mulheres e 1900 são homens. Estes estão agrupados em 361 agregados familiares. O investigador selecionou 20 por cento dos agregados familiares como inquiridos deste estudo.

O kebele é o melhor para várias produções como trigo, milho, teff e bambu nas grandes terras agrícolas.

Conceção da investigação

O estudo será concebido com base num modelo correlacional. Por conseguinte, os dados recolhidos junto dos inquiridos serão analisados com base no método concebido.

Método de recolha de dados

Instrumentação

O instrumento utilizado para recolher dados dos inquiridos selecionados são os questionários. Por conseguinte, o questionário é o principal instrumento de recolha de dados da área selecionada.

Procedimento de amostragem

Foi aplicado o método de amostragem aleatória simples para selecionar 72 inquiridos de entre 361 agregados familiares. Os diferentes inquiridos serão selecionados aleatoriamente de diferentes grupos étnicos.

Método de análise dos dados

Os dados serão analisados de acordo com as seguintes etapas.

7. Os objectivos um e dois serão analisados através de estatísticas descritivas.

8. O terceiro objetivo será analisado através de estatísticas correlacionais.

LITERATURA CITADA

Altieri, Leibman. (1994). Manejo de insetos, ervas daninhas e doenças de plantas em sistemas de cultivos múltiplos. Em Francis, C.A. (ed.). Multiple Cropping Systems. Macmillan Company, Nova Iorque. 383 p.

Amador, Moli (1980). Comportamento de três espécies (milho, feijão, abóbora) em policultura em Chontalpa, Tabasco, México. CSAT, Cardenas, Tabasco, México.

Bowen, John (1986). O sucesso do cultivo múltiplo requer habilidades de gerenciamento superiores. Agribusiness Worldwide. novembro/dezembro. p. 22-30.

Dirnerger, Jumf (1995). O resultado final é importante - pode rir-se dele a caminho do banco.

National Conservation Tillage Digest. outubro-novembro. p. 20-23.

Francis, Decoteau. (1993). Desenvolvimento de um sistema eficaz de cultura intercalar de ervilha e milho doce. Tecnologia Hort. Vol. 3, No. 2. p. 178-184.

Laster, Molk (1972). Populações de Heliothis em interplantações de algodão-sésamo. Jornal de Entomologia Económica. Vol. 65, No. 5. p. 1524-1525.

Martin, Ralph (1987). Intercropping corn and soybeans. Agricultura Sustentável. REAP Canadá. Universidade McGill, Campus Macdonald.

Rincon-Vitova (1987) Product Information: Biological Control Solutions for Cotton Pests (Soluções de controlo biológico para pragas do algodão).

Rincon-Vitova Insectaries, Inc. Oak View, CA. 6 p.

Savory, Allan. (1998). Holistic Management-A New Framework for Decision- Making. 2ª edição. Island Press. Covelo, CA. 550 p.

Willy, Rot (1983). Estudos de intercalação com culturas anuais. In: Better Crops for Food, Simpósio da Fundação CIBA 97. Pitman, Londres, Reino Unido.

APÊNDICE

QUESTIONÁRIOS

1. Indique, assinalando, o tipo de insumo que aplica durante a produção Apenas sementes locais

Apenas sementes selecionadas

Apenas sementes selecionadas e estrume

Apenas sementes selecionadas, estrume e DAP

Sementes selecionadas, estrume, Dap e ureia

2. Por favor, indique, assinalando, o montante de entrada que adiciona Abaixo de 50 kg por ha

50-75 kg por hectare

76-100 kg por ha

100-125kg por ha

126-150 kg por hectare

3. Indicar, por favor, assinalando a quantidade de produção anual Inferior a 20 quintais por ano

20-40 quintal por ano

41-60 quintal por ha

61-80 quintal por hectare

81 e mais quintal por ha

4. É favor indicar, assinalando o tipo de produção, que produz Um tipo

Dois tipos

Três tipos

Quatro tipos

Cinco tipos

Printed by Books on Demand GmbH, Norderstedt / Germany